Inhaltsverzeichnis

1.1 Längen-, Flächen-, Volumen-, Massenberechnung

1.1.1 Längenberechnung

1.1.1.1 *Umformen durch Biegen*

Aufgabe
Aus Flachstahl S235JR (St37) soll ein Biegeteil hergestellt werden. Ermitteln Sie die gestreckte Länge. (Verkürzungen bleiben unberücksichtigt)

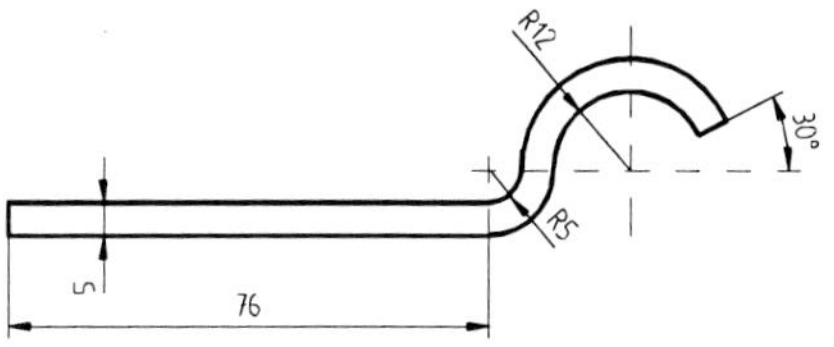

$l_1 = 76mm$

$\boxed{l_2 = \frac{d_2 * \pi}{4}}$ **G15** $l_2 = \frac{15mm * \pi}{4} = \mathbf{11{,}8mm}$

$\boxed{\widehat{l}_B = \frac{d * \pi * \alpha}{360°}}$ **G13** $\widehat{l}_3 = \frac{d_3 * \pi * \alpha}{360°}$ $\widehat{l}_3 = \frac{29mm * \pi * 150°}{360°} = \mathbf{37{,}9mm}$

$\boxed{L = l_1 + l_2 + l_3}$ **G13** $L = 76mm + 11{,}8mm + 37{,}9mm = \mathbf{125{,}7mm}$

l_1: Länge 1
l_2: Kreisumfang/4
l_3: Bogenmaß

Aufgabe (Biegewinkel 90°)
Für ein Biegeteil mit einer Festigkeit von R_m = 520N/mm² und einer Blechdicke s = 6mm sollen folgende Kenndaten ermittelt werden:
a. Der kleinstmögliche Biegeradius r_i,
b. Die Verkürzung v pro Biegung bei kleinstem Biegeradius,
c. Die gestreckte Länge des Biegeteils.

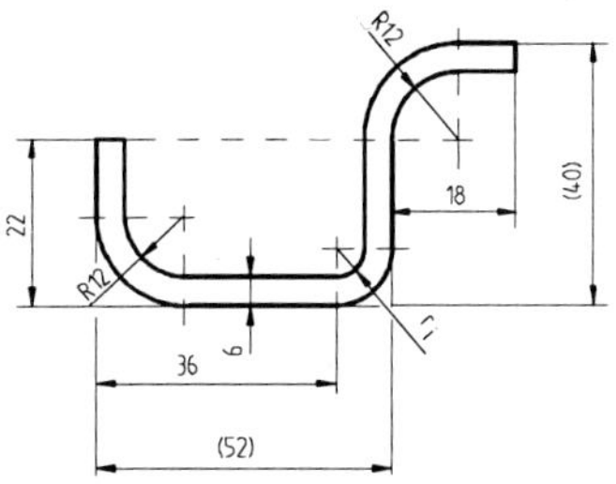

a. $r_i = 10mm$ **F14** bei 90° Biegung,
$r_i = 10mm$ bei Biegung <120°, R_m<640 N/mm²

b. $v = 13mm$ **F14** Tabellenwert

oder $\boxed{v = 043 * r_i + 1{,}49 * s}$ **F14** berechnete Verkürzung

$v = 0{,}43 * 10mm + 1{,}49 * 6mm = \mathbf{13{,}24mm}$

c. $\boxed{L = l_1 + l_2 + l_3 + l_4 - n * v}$ **F14** bei $\boldsymbol{n = 3}$ Biegestellen und nur gerechneten Außenmaßen

$L = 22mm + 52mm + 40mm + 24mm - 3 * 13{,}24mm = \mathbf{98{,}28mm}$

(annähernd gerechnet, da für alle Biegewinkel gleiches v eingesetzt wurde, aber r differiert.)

Aufgabe (beliebiger Biegewinkel)
Für ein Biegeteil aus einer geglühten AlMg-Legierung mit einer Blechdicke s von 3mm sollen folgende Kenndaten zur Berechnung ermittelt werden:
a. Die gestreckte Länge für 90°-Biegung mit Berücksichtigung der Verkürzung,
b. Der Korrekturfaktor z für die 50°-Biegung,
c. Die gestreckte Länge für die 50°-Biegung,
d. Die Gesamtlänge L des Biegeteils.

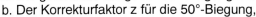

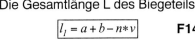

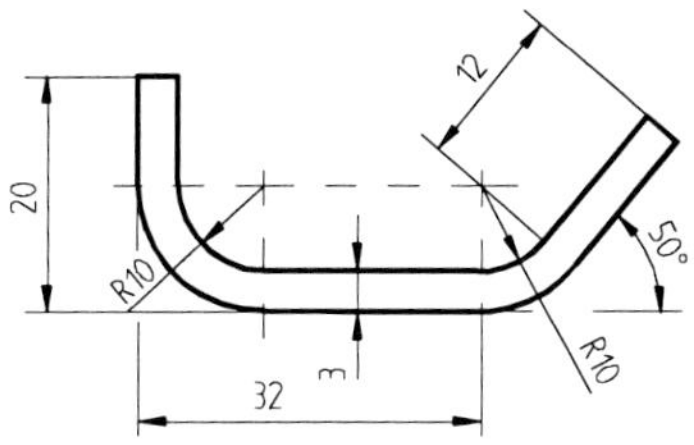

a. $\boxed{l_1 = a + b - n * v}$ **F14** $v = 8{,}7mm$ bei $s = 3mm,\ r_i = 10mm$ **F14**

$l_1 = 20mm + 32mm - 1 * 8{,}7mm = \mathbf{43{,}3mm}$

oder $\boxed{v \cong \frac{r_i}{2} + s}$ **F14** $v \cong \frac{10mm}{2} + 3 = \mathbf{8mm}$

$\boxed{l_1 = a + b - n * v}$ **F14** $l_1 = 20mm + 32mm - 1 * 8mm = \mathbf{44mm}$

b. $\frac{r}{s} = \frac{10mm}{3mm} = 3{,}33 \Rightarrow$ Ablesung: $z = \mathbf{0{,}91}$ **F15**

c. $\boxed{l_2 = l + \frac{\pi * \alpha}{180°} * (r_i + z * \frac{s}{2})}$ **F15** $l_2 = 12mm + \frac{\pi * 50°}{180°} * (10mm + 0{,}91mm * 1{,}5mm) = \mathbf{21{,}92mm}$

d. $\boxed{L = l_1 + l_2}$ **F14** $L = 43{,}3mm + 21{,}92mm = \mathbf{65{,}22mm}$

1.1.1 *Trennen durch Zerspanen: Fräsen*

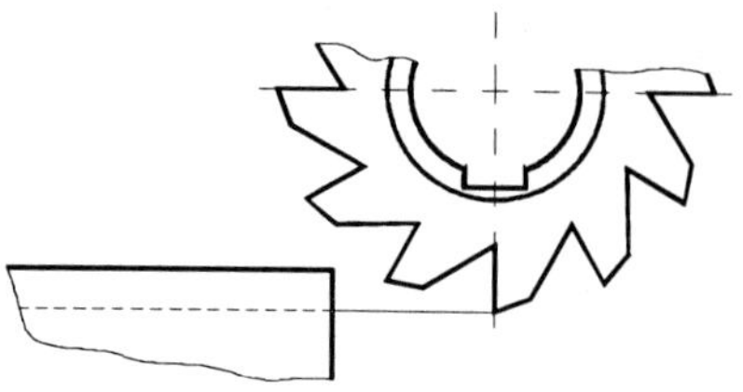

Aufgabe
In eine Platte mit einer Länge l_w = 160mm soll mit einem Scheibenfräser ø 75x12mm eine durchgehende Nut von 4mm Tiefe in einem Schlichtschnitt, d. h. seitlich saubere Nutflächen, gefräst werden. Bestimmen Sie den Fräsweg.

$\boxed{L = l_w + l_a + l_ü + 2*l_f}$ **F8**

$l_a = l_ü = 1,5mm$ $\qquad l_f = 16mm$ **F9** Tabellenwert

oder $\boxed{l_f = \sqrt{a_e*(d - a_e)}}$ **F8** $\qquad l_f = \sqrt{4mm*(75mm - 4mm)} = \mathbf{16,85mm}$ $\quad l_f$ berechnet

$L = 160mm + 1,5mm + 1,5mm + 2*16mm = \mathbf{195mm}$ Tabellenwert für l_f eingesetzt

1.1.1.3 *Trennen durch Zerspanen: Bohren und Reiben*

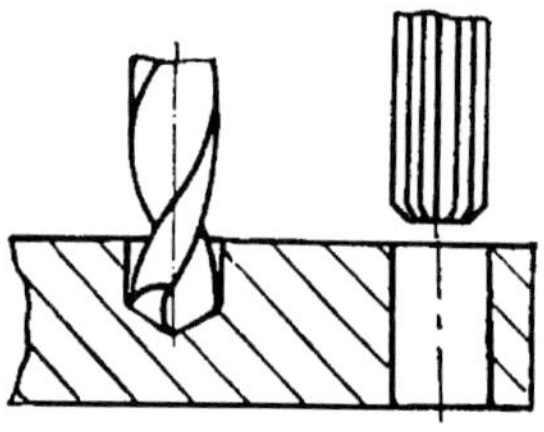

Aufgabe
In ein Werkstück aus AlMg1 mit einer Werkstückdicke l_w = 30mm sollen eine Durchgangsbohrung ø 20mm und eine Grundlochbohrung ø 12mm mit einer Bohrtiefe t = 15mm gebohrt werden. Weiterhin soll die Durchgangsbohrung auf die Passung ø 20^{H7} gerieben werden. Berechnen Sie die verschiedenen Bearbeitungswege.

Werkzeuganwendungsgruppe W $\Rightarrow$ $\sigma = 130°$ **F35**

$\boxed{L = l_w + l_s + l_a + l_ü}$ **F6** Durchgangsbohrung

$l_a = l_ü = 2mm$ **F6** $\qquad l_s = 0,2*d$

$L = 30mm + 0,2*20mm + 2mm + 2mm = \mathbf{38mm}$

$\boxed{L = l_w + l_s + l_a}$ **F6** Grundlochbohrung

$l_a = 2mm$ $\qquad l_ü = 0$ $\qquad l_s = 0,2*d$

$L = 15mm + 0,2*12mm + 2mm = \mathbf{19,4mm}$

$\boxed{L = l_w + l_s + l_a + l_ü}$ **F6** Reiben der Durchgangsbohrung

$l_a + l_ü \approx D$ **F6** $\qquad l_s = 2mm$ gewählt für Anschnitt der Reibahle

$L = 30mm + 2mm + 20mm = \mathbf{52mm}$

1.1.1.4 *Urformen durch Gießen*

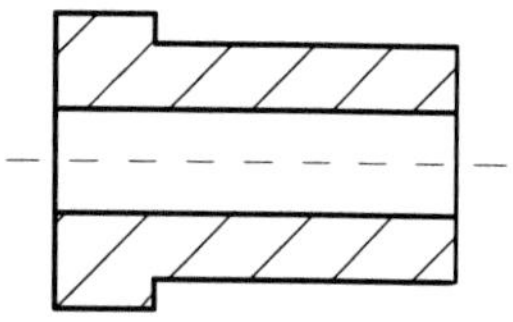

Aufgabe
Für eine Buchse aus GG-25 mit einer Länge von 120mm soll ein Modell gefertigt werden. Bestimmen Sie die Modellänge l_M der Buchse.

$S = 1\%$ **W28** Schwindmaß für GG

$l_M = 100\%$

$Werkstücklänge\,L = Modellänge\,l_M - Schwindlänge\,l_S$

$\boxed{l_M = L + l_S}$ $\qquad l_S = \frac{L*S}{100\%}$

$l_M = 120mm + \frac{120mm*1\%}{100\%} = \mathbf{121,2mm}$

Seitenhinweise beziehen sich auf die 6. Auflage des Tabellenbuches HT 3291

1.1.2 Längenberechnung

1.1.2.1 *Prüftechnik*

Aufgabe
Mit Hilfe einer Prüfrolle soll das Maß L der Schwalbenschwanzführung rechnerisch bestimmt werden. Folgende Werte sind bekannt: α = 45°, D = 40mm, l = 60mm.

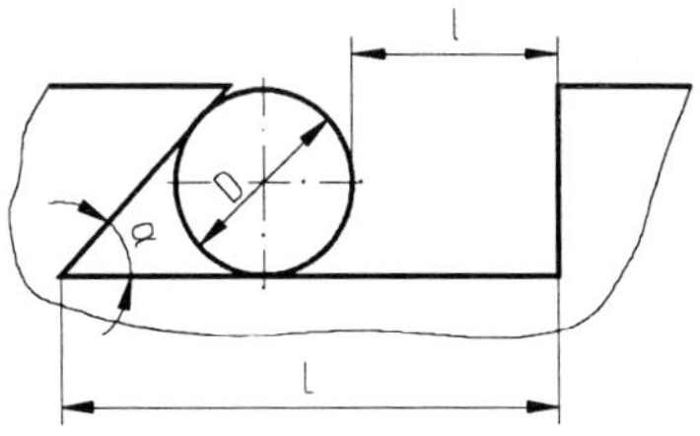

$$\boxed{\tan\frac{\alpha}{2} = \frac{a}{b}}$$ **G5** $$b = \frac{a}{\tan\frac{\alpha}{2}}$$

$$b = \frac{\frac{40mm}{2}}{\tan 22{,}5°} = \frac{20mm}{0{,}4142} = \mathbf{48{,}29mm}$$

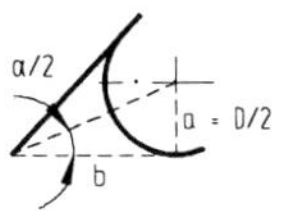

$$\boxed{L = l + \frac{D}{2} + b}$$ $$L = 60mm + 20mm + 48{,}29mm = \mathbf{128{,}29mm}$$

1.1.2.2 *Toleranzen, Passungen*

Aufgabe
Für die Lagerung Rolle / Gabel soll das axiale Spiel S = 0,2...0,4 mm betragen.
a. Bestimmen Sie die Maßtoleranz für L.
b. Bestimmen Sie für die Passung $\phi\, 20^{H7}_{f7}$ das Höchst- und das Mindestspiel.

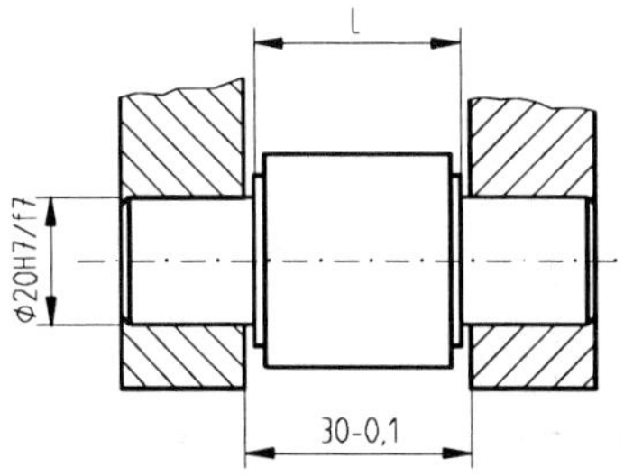

a. $\boxed{l_{min\,Gabel} = l_{min} + S_{max}}$ **Z30** Höchstmaß

$l_{min} = l_{min\,Gabel} - S_{max}$ $l_{min} = 30{,}0mm - 0{,}4mm = \mathbf{29{,}6mm}$ Höchstspiel *0,4mm*

$\boxed{l_{max\,Gabel} = l_{max} + S_{min}}$ **Z30** Mindestmaß

$l_{max} = l_{max\,Gabel} - S_{min}$ $l_{max} = 29{,}9mm - 0{,}2mm = \mathbf{29{,}7mm}$ Mindestspiel *0,2mm*

$L = \mathbf{30^{-03}_{-0,4}}$ Maßtoleranz

b. $ES = +21;\ EI = +0$ **Z32** Grenzabmaße Bohrung ∅ 20^{H7}

$es = -20;\ ei = -41$ **Z32** Grenzabmaße Welle ∅ 20_{f7}

$$\boxed{Höchstspiel = Höchstmaß_{Bohrung} - Mindestmaß_{Welle}}$$ **Z30**

$$Höchstspiel = 30{,}021mm - 29{,}959mm = \mathbf{0{,}062mm}$$

$$\boxed{Mindestspiel = Mindestmaß_{Bohrung} - Höchstmaß_{Welle}}$$ **Z30**

$$Höchstspiel = 30{,}00mm - 29{,}980mm = \mathbf{0{,}020mm}$$

Aufgabe
Für die Aussparung x soll die Abmessung so festgelegt werden, daß das Höchstspiel 0,04mm und das Höchstübermaß 0,01mm betragen. Das Paßstück hat das Maß $60^{+0,03}$.

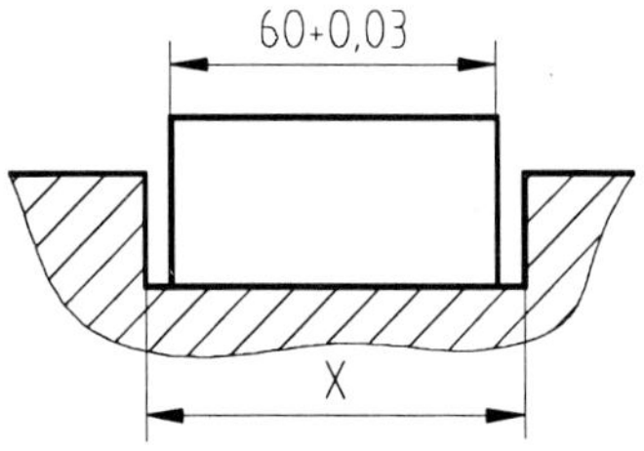

$$\boxed{Höchstspiel = Höchstmaß_{Aussparung} - Mindestmaß_{Paßstück}}$$ **Z30**

$$Höchstmaß_{Aussparung} = Höchstspiel + Mindestmaß_{Paßstück}$$

$$Höchstmaß_{Aussparung} = 0{,}04mm + 60mm = \mathbf{60{,}04mm}$$

$$\boxed{Höchstübermaß = Höchstmaß_{Paßstück} - Mindestmaß_{Aussparung}}$$ **Z30**

$$Mindestmaß_{Aussparung} = Höchstmaß_{Paßstück} - Höchstübermaß$$

$$Mindestmaß_{Aussparung} = 60{,}03 - 0{,}01mm = \mathbf{60{,}02mm}$$

$x = \mathbf{60^{+0,04}_{+0,02}}$ Aussparung

Aufgabe

Berechnen Sie den Abstand a für die Rillenkugellagerbefestigung, wenn das axiale Spiel zwischen Sicherungsring und Rillenkugellager 0...0,2mm betragen soll.

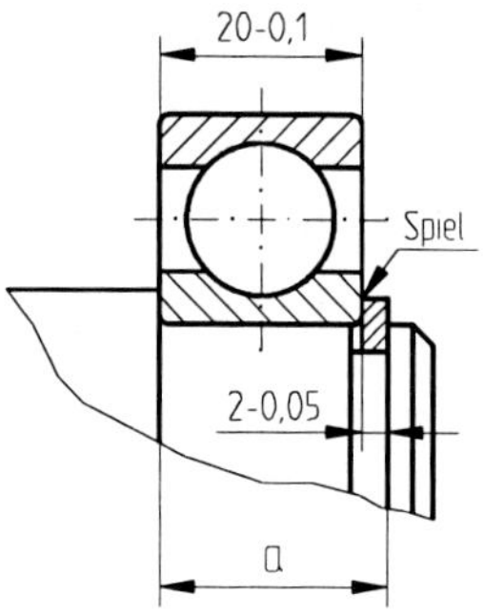

$$\boxed{a_{max} = Mindestmaß_{Lager} + Mindestmaß_{Sicherungsring} + Spiel_{max}}$$ **Z30**

$$a_{max} = 19{,}90mm + 1{,}95mm + 0{,}2mm = \mathbf{22{,}05mm}$$

$$\boxed{a_{min} = Höchstmaß_{Lager} + Höchstmaß_{Sicherungsring} + Spiel_{min}}$$ **Z30**

$$a_{min} = 20{,}00mm + 2{,}00mm + 0 = \mathbf{22{,}00mm}$$

$$a = 22_{0}^{+0{,}05}$$ Abstand

Aufgabe

a. Welche Grenzmaße ergeben sich für das Maß x beim Einbau des Distanzringes ? Für die Berechnung soll die Allgemeintoleranz nach DIN ISO 2768-m (früher DIN 7168-m) benutzt werden.

b. Für die Passung $\phi 50_{r6}^{H7}$ sind das Höchst- und Mindestübermaß zu ermitteln.

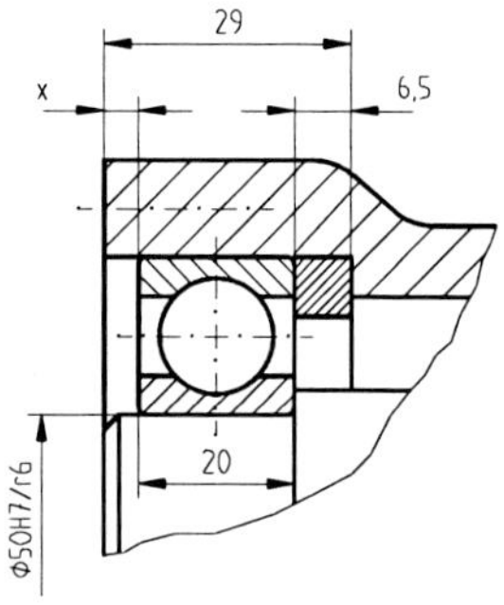

a. $\pm 0{,}2mm$ **Z25** für 6...30mm

$$\boxed{Oberes\ Abmaß = Höchstmaß - Nennmaß}$$ **Z30**

$$\boxed{Unteres\ Abmaß = Mindestmaß - Nennmaß}$$ **Z30**

$$Höchstmaß = Höchstmaß_{Senkung} - Mindestmaß_{Lager} - Mindestmaß_{Distanzring}$$

$$x_{max} = (29mm + 0{,}2mm) - (20mm - 0{,}2mm) - (6{,}5mm - 0{,}2mm) = \mathbf{3{,}1mm}$$

$$Mindestmaß = Mindestmaß_{Senkung} - Höchstmaß_{Lager} - Höchstmaß_{Distanzring}$$

$$x_{min} = (29mm - 0{,}2mm) - (20mm + 0{,}2mm) - (6{,}5mm + 0{,}2mm) = \mathbf{1{,}9mm}$$

b. $ES = +25\mu m,\ EI = 0\mu m$ **Z32** $\varnothing\ 50^{H7}$

$es = +50\mu m,\ ei = +34\mu m$ **Z32** $\varnothing\ 50_{r6}$

$$\boxed{Mindestübermaß = Mindestmaß_{W} - Höchstmaß_{B}}$$ **Z30**

$$Ü_{min} = (50mm + 0{,}034mm) - (50mm + 0{,}025mm) = \mathbf{0{,}009mm}$$

$$\boxed{Höchstübermaß = Höchstmaß_{W} - Mindestmaß_{B}}$$ **Z30**

$$Ü_{max} = (50mm + 0{,}050mm) - (50mm + 0mm) = \mathbf{0{,}050mm}$$

Aufgabe

Nach dem Fügen der Welle mit einer Bohrung $\varnothing\ 50^{H7}$ sollen die gefügten Teile Spiel aufweisen.

a. Nach welchem Paßmaß muß die Welle gefertigt werden ?
Es stehen zur Auswahl: $\varnothing\ 50_{n6}$, $\varnothing\ 50_{k6}$, $\varnothing\ 50_{f7}$ oder $\varnothing\ 50_{s6}$.

b. Bestimmen Sie außerdem das Höchst- und Mindestspiel bei der gefundenen Passung.

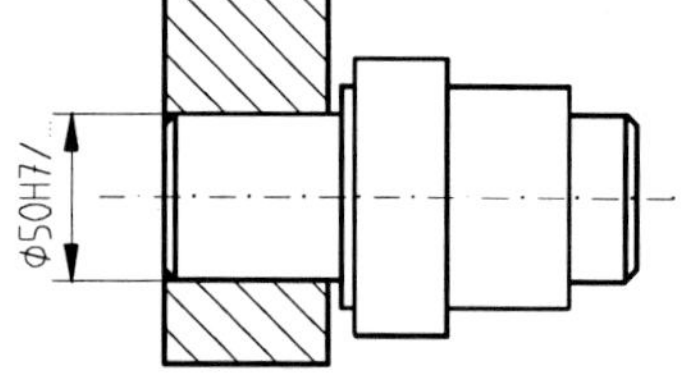

a. $\varnothing 50_{f7}$ **Z32** Spiel nur mit f7, g6 oder h6 möglich

b. $ES = +25\mu m,\ EI = 0\mu m$ **Z32** $\varnothing\ 50^{H7}$

$es = -25\mu m,\ ei = -50\mu m$ **Z32** $\varnothing\ 50_{f7}$

$$\boxed{Mindestspiel = Mindestmaß_{B} - Höchstmaß_{W}}$$ **Z30**

$$S_{min} = (50mm + 0mm) - (50mm - 0{,}025mm) = \mathbf{0{,}025mm}$$

$$\boxed{Höchstspiel = Höchstmaß_{B} - Mindestmaß_{W}}$$ **Z30**

$$S_{max} = (50mm + 0{,}025mm) - (50mm - 0{,}050mm) = \mathbf{0{,}075mm}$$

Seitenhinweise beziehen sich auf die 6. Auflage des Tabellenbuches HT 3291

1.1.3 Längen- und Flächenberechnungen

1.1.3.1 *Trennen durch Zerteilen*

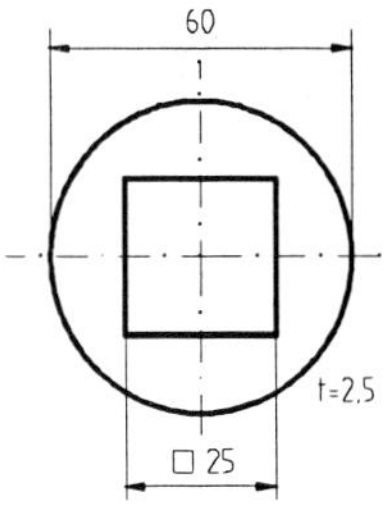

Aufgabe
Für das abgebildete Stanzteil aus Stahlblech berechnen Sie:
a. Die Schnittkantenlänge der Ronde und des Vierkantes,
b. Die Scherfläche von Ronde und Vierkant,
c. Die Fläche des Stanzteils.

a.	$U_1 = d*\pi$	G15	$U_1 = 60mm*\pi = \mathbf{188{,}40mm}$	Rondenumfang
	$U_2 = 4*l$	G14	$U_2 = 4*25mm = \mathbf{100mm}$	Vierkantumfang
b.	$S_1 = U_1*t$	F18	$S_1 = 188{,}40mm*2{,}5mm = \mathbf{471mm^2}$	Scherfläche Ronde
	$S_2 = U_2*t$	F18	$S_2 = 100mm*2{,}5mm = \mathbf{250mm^2}$	Scherfläche Vierkant
c.	$A_1 = \frac{d^2*\pi}{4}$	G15	$A_1 = \frac{60^2mm^2*\pi}{4} = \mathbf{2826mm^2}$	Rondenfläche
	$A_2 = l^2$	G14	$A_2 = 25^2mm^2 = \mathbf{625mm^2}$	Vierkantfläche
	$A = A_1 - A_2$		$A = 2826mm^2 - 625mm^2 = \mathbf{2201mm^2}$	Gesamtfläche

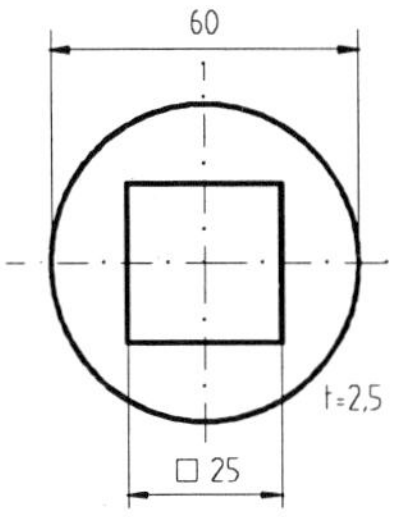

Aufgabe
Für das Stanzteil mit einreihiger Anordnung der Schnitteile sind folgende Daten zu ermitteln:
a. Die Streifenbreite mit Seitenschneider,
b. Der Streifenvorschub,
c. Der Werkstoffausnutzungsgrad,
d. Die Anzahl der Stanzteile bei einer Streifenlänge von 6000mm.

a.	$a = 2{,}2mm,\ i = 3{,}5mm$	F18	Randbreite, Seitenschneider
	$b = l_e + 2*a + i$	F18	$b = 60mm + 2*2{,}2mm + 3{,}5mm = \mathbf{67{,}9mm}$
b.	$e = 2{,}2mm$	F18	Stegbreite
	$f = l_a + e$	F18	$f = 60mm + 2{,}2mm = \mathbf{62{,}2mm}$
c.	$A = 2201\ mm^2$, einreihig: $z_2 = 1$		Werkstückfläche, siehe vorherige Aufgabe
	$\eta = \frac{z_2*A}{f*b}*100$	F18	$\eta = \frac{1*2201mm^2}{62{,}2mm*67{,}9mm}*100\% = \mathbf{52\%}$
d.	$n = \frac{L}{f}$		$n = \frac{6000mm}{62{,}2mm} = \mathbf{96\ Stück}$

1.1.3.2 *Trennen durch Zerspanen*: Drehen

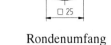

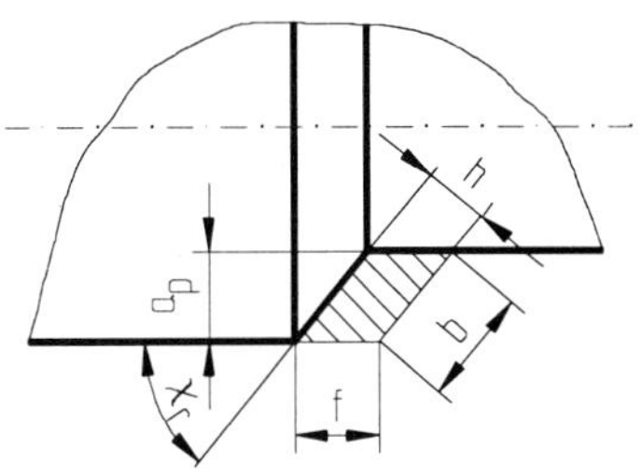

Aufgabe
Von dem dargestellten Spanquerschnitt sind folgende Größen bekannt:
Werkstückabmessung: D = 80mm, d = 72mm
Einstellgrößen: Einstellwinkel $\chi_r = 60°$, Vorschub f = 0,6mm
Ermitteln Sie die geforderten Spanungsgrößen:
a. Der Spanquerschnitt A,
b. Die Spanungsbreite b,
c. Die Spanungsdicke h.

a.	$a_p = \frac{D-d}{2}$	F28	$a_p = \frac{80mm - 72mm}{2} = \mathbf{4mm}$
	$A = f*a_p$	F28	$A = 0{,}6mm*4mm = \mathbf{2{,}4mm^2}$
b.	$b = \frac{a_p}{\sin\chi_r}$	F28	$b = \frac{4mm}{\sin 60°} = \mathbf{4{,}6mm}$
c.	$h = f*\sin\chi_r$	F28	$h = 0{,}6mm*\sin 60° = \mathbf{0{,}5mm}$

1.1.3.2 *Umformen durch Tiefziehen*

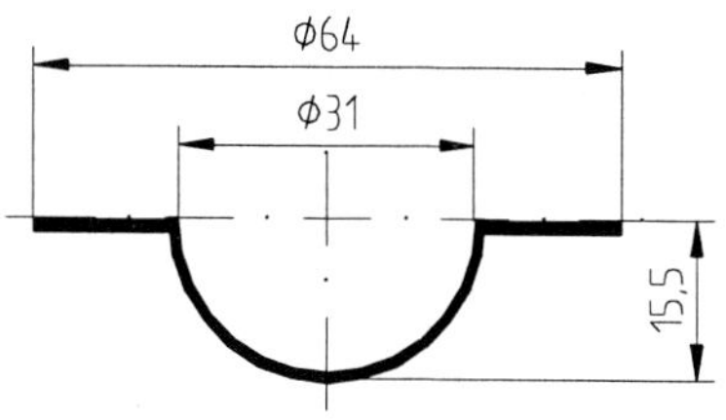

Aufgabe
Wie groß müßte der Durchmesser der Ronde sein, um das abgebildete Tiefziehteil aus Aluminium mit einer Wandstärke von 0,6mm herzustellen ?

$\boxed{d = \sqrt{d_1^2 + d_2^2}}$ **F17**

$$d = \sqrt{31^2mm^2 + 64^2mm^2} = \mathbf{71{,}11mm}$$

1.1.4 Volumen-, Massenberechnung

1.1.4.1 *Trennen durch Zerspanen: Drehen*

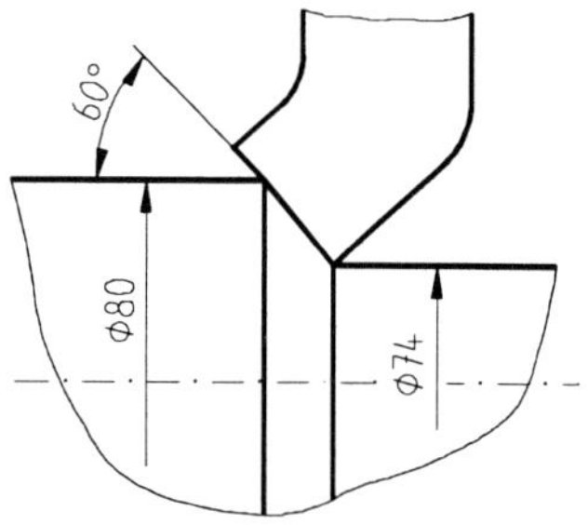

Aufgabe
Eine Welle aus S235JR (St37-2) wird auf einer Schrägbettdrehmaschine mit folgenden Schnittdaten hergestellt: v_c = 100m/min, f = 0,8mm. Bestimmen Sie das Zeitspanungsvolumen Q.

$\boxed{Q = A * v_c}$ **F28**

$\boxed{a_p = \frac{D-d}{2}}$ **F28** $a_p = \frac{80mm - 74mm}{2} = \mathbf{3mm}$

$\boxed{A = f * a_p}$ **F28** $A = 0{,}8mm * 3mm * = \mathbf{2{,}4mm^2}$

$$Q = 2{,}4mm^2 * 100\frac{m}{min} * 1000\frac{mm}{m} = \mathbf{240000\frac{mm^3}{min}} = \mathbf{240\frac{cm^3}{min}}$$

1.1.4.2 *Trennen durch Zerteilen*

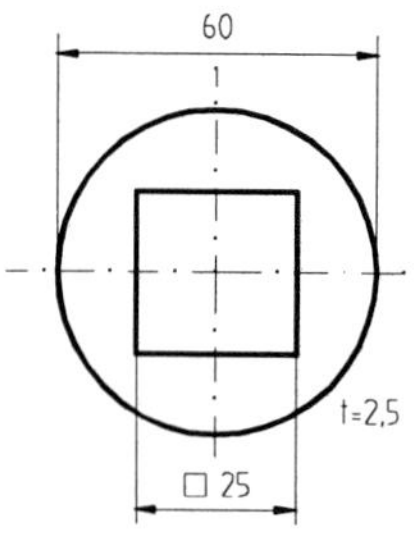

Aufgabe
a. Bestimmen Sie für das Stanzteil das vorhandene Volumen.
b. Wie groß ist die Masse des Stanzteils, wenn es aus dem Werkstoff AlMgSi gefertigt wird.

a. $\boxed{V = A * t}$ **G16**

$V = 2201mm^2 * 2{,}5mm = \mathbf{5502{,}5mm^3} = \mathbf{5{,}5cm^3}$ Werkstückfläche, siehe Seite 7

b. $\rho_{Al} = 2{,}7kg/dm^3$ **W3** Werkstoff AlMgSi

$\boxed{m = V * \rho}$ **G19**

$$m = 5{,}5cm^3 * 2{,}7\frac{g}{cm^3} = \mathbf{14{,}85g}$$

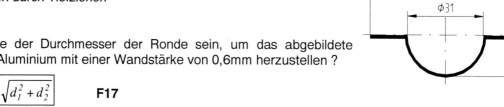

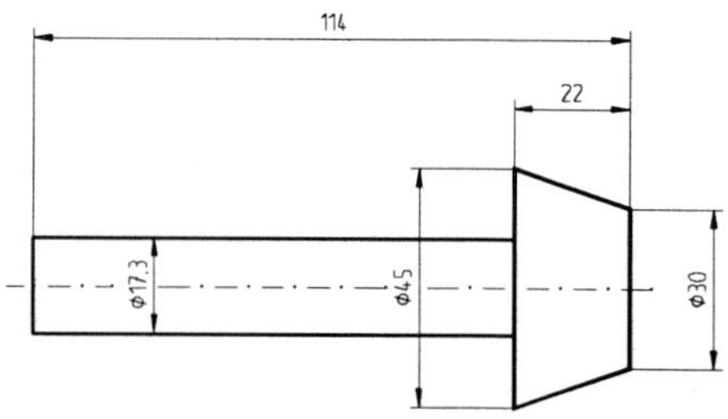

Aufgabe
a. Es ist das Volumen von einer Kegelritzelwelle aus C15 zu berechnen.
b. Bestimmen Sie die Masse der Kegelritzelwelle.

a. $\boxed{V_1 = \frac{d^2 * \pi}{4} * h}$ **G16**

$$V_1 = \frac{(17{,}3mm)^2 * \pi}{4} * 92mm = \mathbf{21{,}62cm^3}$$

$\boxed{V_2 = \frac{\pi * h}{12} * (D^2 + d^2 + D * d)}$ **G15** $V_2 = \frac{\pi * 22mm}{12} * (45^2 + 30^2 + 45 * 30)mm^2 = \mathbf{24{,}63cm^3}$

$\boxed{V = V_1 + V_2}$ $V = 21{,}62cm^3 + 24{,}63cm^3 = \mathbf{46{,}25cm^3}$

b. $\rho_{St} = 7{,}85g/cm^3$ **W4** Werkstoff C15

$\boxed{m = V * \rho}$ **G19** $m = 46{,}25cm^3 * 7{,}85\frac{g}{cm^3} = 363{,}06g = \mathbf{0{,}36kg}$

1.2 Satz des Pythagoras

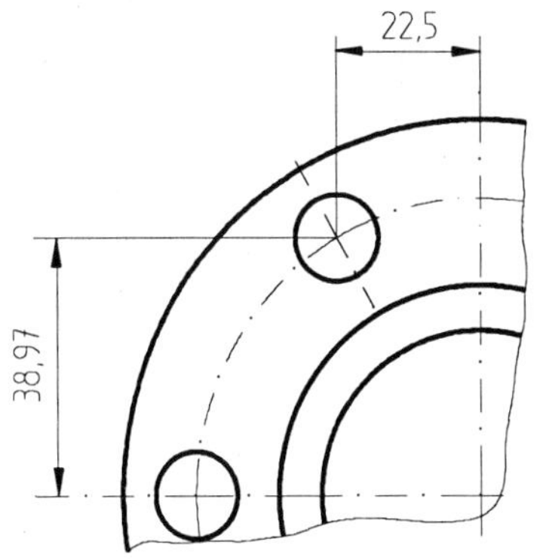

Aufgabe
Auf einem Flanschdeckel sind kreisförmig 6 Bohrungen gleichmäßig verteilt. Von einer Bohrung sind die Koordinatenmaße bekannt. Es ist der Lochkreisdurchmesser zu ermitteln.

$\boxed{c^2 = a^2 + b^2}$ **G12**

$c^2 = 38{,}97^2mm^2 + 22{,}5^2mm^2 = 2024{,}9mm^2$

$c = \sqrt{2024{,}9mm^2} = \mathbf{44{,}99mm \approx 50mm}$

$\boxed{d = 2*c}$ $d = 2*50mm = \mathbf{100mm}$

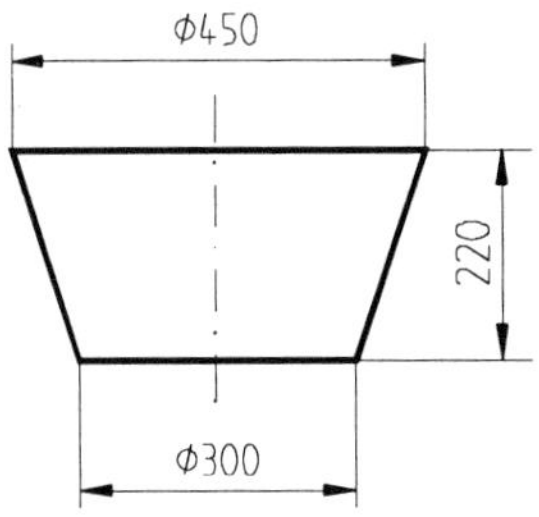

Aufgabe
Von einem Behälter aus Stahlblech soll die Länge der Schräge des Blechmantels ermittelt werden.

$\boxed{c^2 = a^2 + b^2}$ **G12**

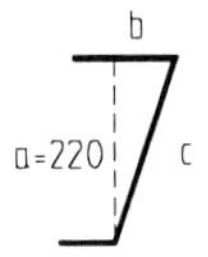

$b = \frac{D-d}{2}$

$b = \frac{450mm - 300mm}{2} = \mathbf{75mm}$ $a = 220mm$

$c = \sqrt{220^2mm^2 + 75^2mm^2} = \mathbf{232{,}43mm}$

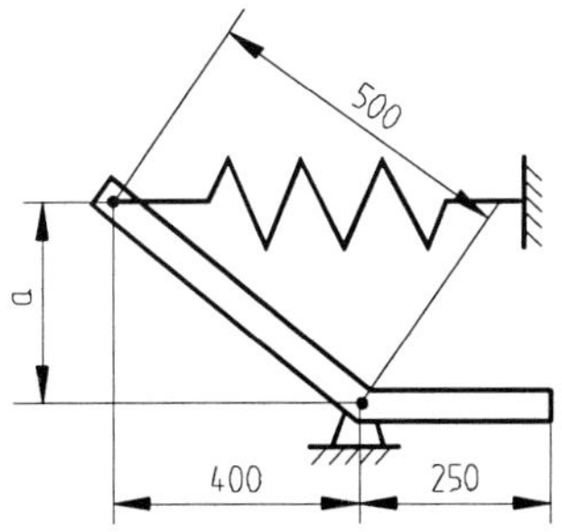

Aufgabe
Von der an einem Winkelhebel angreifenden Feder soll das Abstandsmaß a berechnet werden.

$\boxed{c^2 = a^2 + b^2}$ **G12**

$a^2 = c^2 - b^2$

$a = \sqrt{500^2mm^2 - 400^2mm^2} = \mathbf{300mm}$

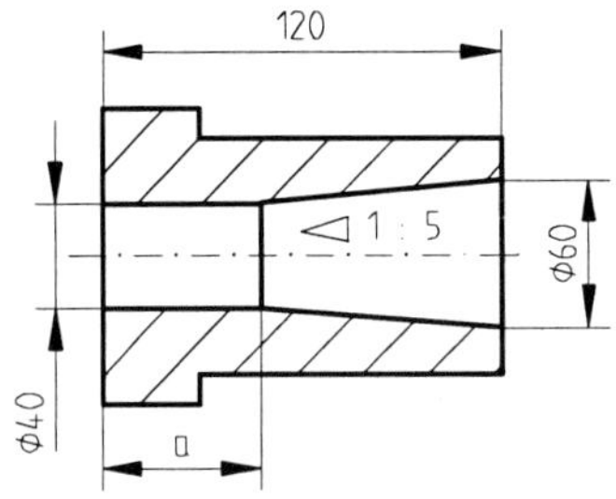

Aufgabe
Für die abgebildeten Buchse mit Innenkegel soll das Maß a berechnet werden.

$\boxed{C = \frac{D-d}{L}}$ **F33** $L = \frac{D-d}{C}$

$L = \frac{60mm - 40mm}{\frac{1}{5}} = \mathbf{100mm}$

$\boxed{a = 120mm - L}$

$a = 120mm - 100mm = \mathbf{20mm}$

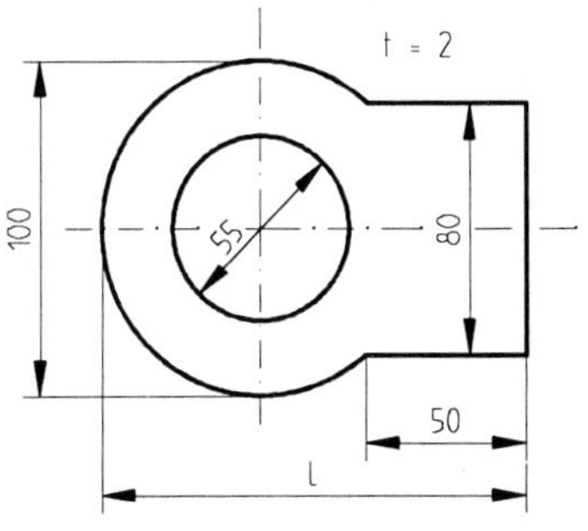

Aufgabe
Von der abgebildeten Blechöse soll das Gesamtmaß L errechnet werden.

$\boxed{c^2 = a^2 + b^2}$ **G12**

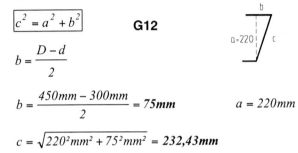

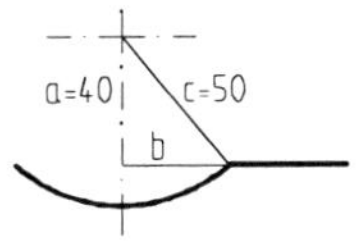

$b = \sqrt{50^2mm^2 - 40^2mm^2} = \mathbf{30mm}$

$\boxed{L = \frac{D}{2} + b + 50mm}$

$L = 50mm + 30mm + 50mm = \mathbf{130mm}$

1.3 Winkelfunktionen

Aufgabe

a. Für den Winkelhebel ist der Winkel α zu berechnen.
b. Berechnen Sie die Strecke a.

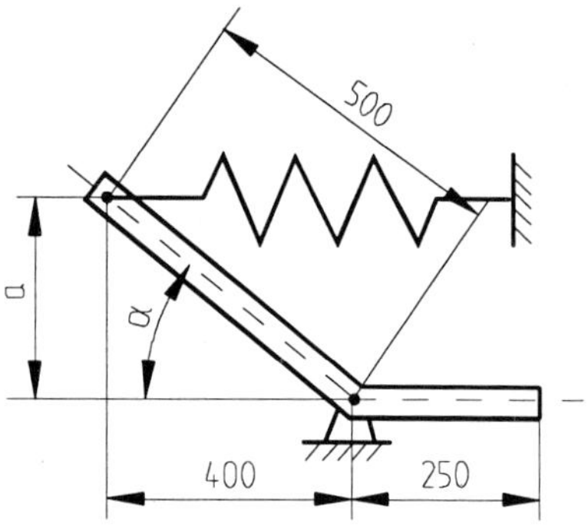

a. $\boxed{\cos\alpha = \frac{Ankathete}{Hypotenuse}}$ **G5**

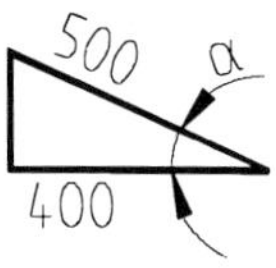

$\cos\alpha = \frac{400mm}{500mm} = 0,8$

$\alpha = \arccos 0,8$ $\qquad$ $\alpha = \mathbf{36,87°}$

b. $\boxed{\tan\alpha = \frac{a}{b}}$ **G5** $\qquad$ $a = b * \tan\alpha$

$a = 400mm * \tan 36,87° = \mathbf{300mm}$

oder $\boxed{c^2 = a^2 + b^2}$ **G12** $\qquad$ $b = \sqrt{c^2 - a^2}$

$b = \sqrt{500^2mm^2 - 400^2mm^2} = \mathbf{300mm}$

Aufgabe

Von der Buchse mit Innenkegel C 1:5 ist der Kegelwinkel zu bestimmen.

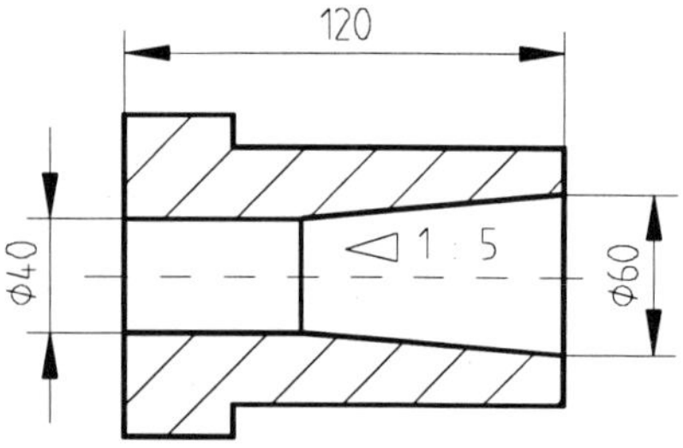

$\boxed{\tan\frac{\alpha}{2} = \frac{C}{2}}$ **F33** $\qquad$ Kegelerzeugungswinkel $\frac{\alpha}{2}$

$\tan\frac{\alpha}{2} = \frac{\frac{1}{5}}{2} = \frac{1}{10} = 0,1$ $\qquad$ $\frac{\alpha}{2} = \arctan 0,1$

$\frac{\alpha}{2} = \mathbf{5,71°}$ $\qquad$ mittels Taschenrechner

$\alpha' = 2 * \frac{\alpha}{2}$ $\qquad$ $\alpha' = 2 * 5,71° = \mathbf{11,42° = 11°25'}$

oder $\frac{\alpha}{2} \approx 5°40'$ **G7** $\qquad$ aus tan-Tabelle für $\tan\frac{\alpha}{2} = 0,1$

$\alpha' = 2 * \frac{\alpha}{2}$ $\qquad$ $\alpha' = 2 * 5°40' = \mathbf{11°20'}$

Aufgabe

Für den abgebildeten Flansch mit 6 Bohrungen sind für die dargestellte Bohrung A die Koordinatenmaße x und y, bezogen auf den Mittelpunkt des Lochkreises, zu berechnen.

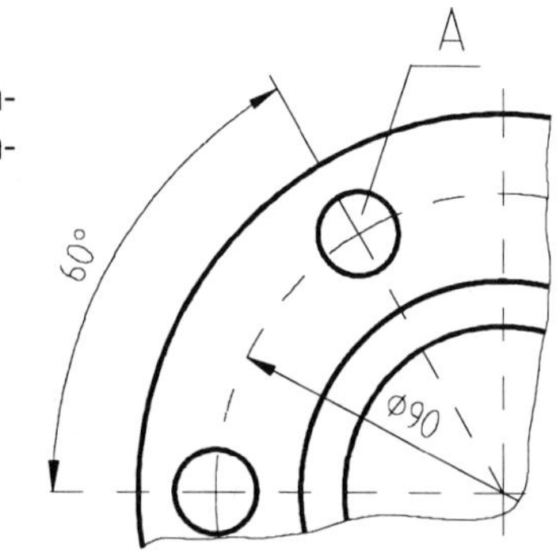

$\boxed{\sin\alpha = \frac{a}{c}}$ **G5** $\qquad$ $\sin\alpha = \frac{y}{\frac{D}{2}}$

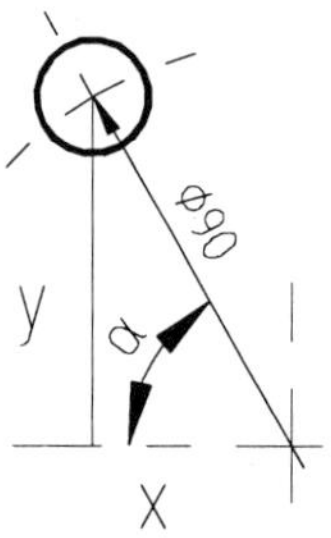

$y = \frac{D}{2} * \sin\alpha$

$y = \frac{90mm}{2} * \sin 60° = \mathbf{38,97mm}$

$\boxed{\cos\alpha = \frac{b}{c}}$ **G5** $\qquad$ $\cos\alpha = \frac{x}{\frac{D}{2}}$

$x = \frac{D}{2} * \cos\alpha$ $\qquad$ $x = \frac{90mm}{2} * \cos 60° = \mathbf{22,5mm}$

Aufgabe

Für das abgebildete Prisma sind die Maße x_1, y_1, x_2 zu bestimmen.

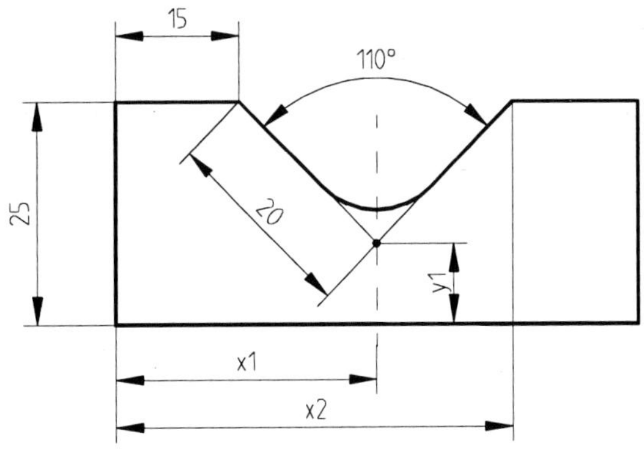

$$\boxed{\sin\alpha = \frac{a}{c}}$$ **G5**

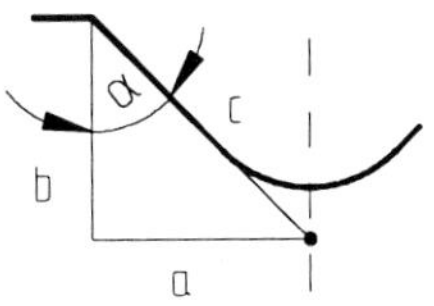

$$a = c * \sin\alpha$$

$$a = 20mm * \sin 55° = \mathbf{16{,}38mm}$$

$$\boxed{\cos\alpha = \frac{b}{c}}$$ **G5**

$$b = c * \cos\alpha$$

$$b = 20mm * \cos 55° = \mathbf{11{,}47mm}$$

$$\boxed{x_1 = l + a}$$ $$x_1 = 15mm + 16{,}38mm = \mathbf{31{,}38mm}$$

$$\boxed{x_2 = l + 2 * a}$$ $$x_2 = 15mm + 2 * 16{,}38mm = \mathbf{47{,}76mm}$$

$$\boxed{y_1 = l_1 - b}$$ $$y_1 = 25mm - 11{,}47mm = \mathbf{13{,}53mm}$$

Aufgabe

Für die dargestellte Skizze sind die Maße L_1 und L_2 zu berechnen, wobei D = 20mm und $\alpha = 55°$ gegeben sind.

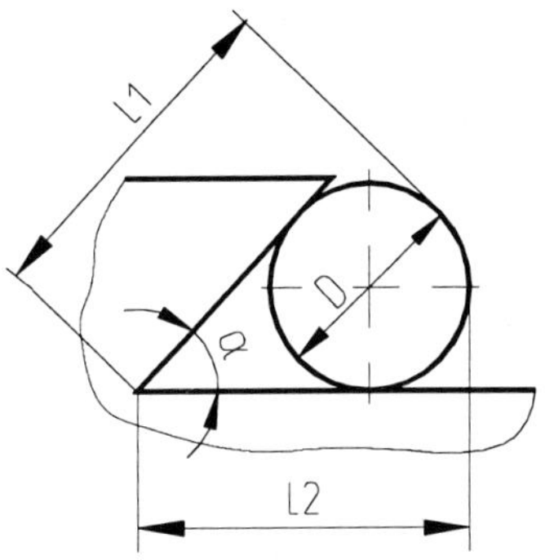

$$\boxed{\sin\frac{\alpha}{2} = \frac{a}{c}}$$ **G5**

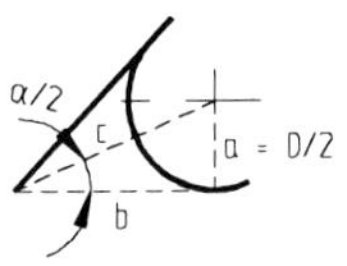

$$c = \frac{a}{\sin\frac{\alpha}{2}}$$

$$c = \frac{10mm}{\sin 27{,}5°} = \mathbf{21{,}66mm}$$ $a = \frac{D}{2}$ gesetzt

$$\boxed{\tan\frac{\alpha}{2} = \frac{a}{b}}$$ **G5**

$$b = \frac{a}{\tan\frac{\alpha}{2}}$$

$$b = \frac{10mm}{\tan 27{,}5°} = \mathbf{19{,}21mm}$$ $a = \frac{D}{2}$ gesetzt

$$\boxed{L_1 = c + \frac{D}{2}}$$

$$L_1 = 21{,}66mm + 10mm = \mathbf{31{,}66mm}$$

$$\boxed{L_2 = b + \frac{D}{2}}$$

$$L_2 = 19{,}21mm + 10mm = \mathbf{29{,}21mm}$$

1.4 Kräfte, Hebelgesetz, Drehmoment

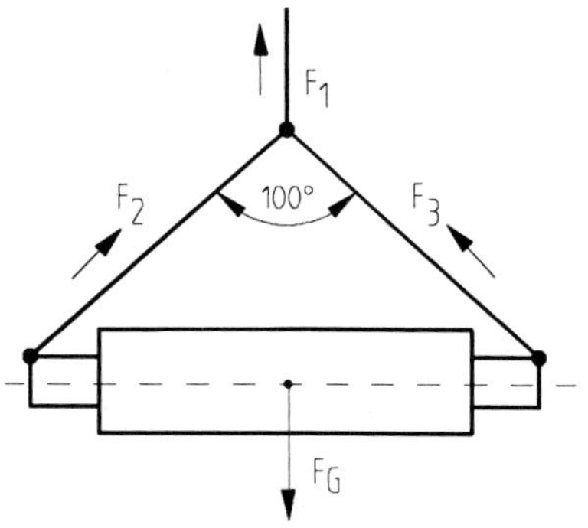

Aufgabe

Eine Welle mit einer Gewichtskraft von 30kN wird von einem Hallenkran auf eine Montageeinrichtung gehoben. Die Welle ist mit 3 Stahlseilen am Kranhaken befestigt. Es sind die Seilkräfte F_1, F_2, F_3 zu bestimmen.

$F_1 = F_G = 30kN$

$$\boxed{\cos\alpha = \frac{\frac{F_1}{2}}{F_2}}$$ **G22**

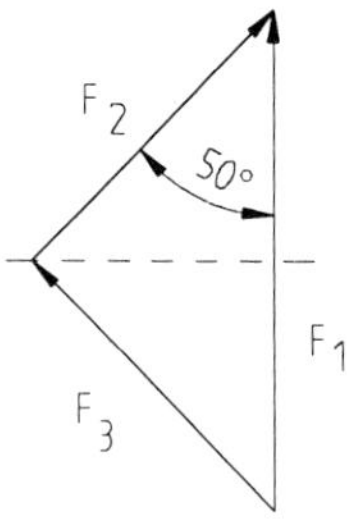

$$F_2 = \frac{\frac{F_1}{2}}{\cos\alpha}$$

$$F_2 = \frac{15kN}{\cos 50^\circ} = \mathbf{23{,}34kN}$$

$F_2 = F_3$

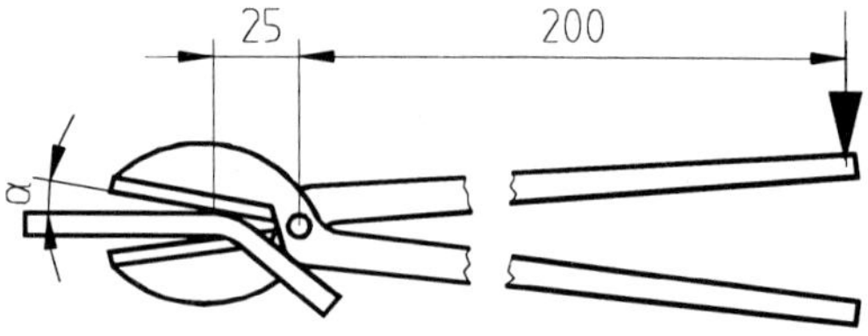

l_1 = 25mm
l_H = 200mm

Aufgabe

Mit einer Blechschere soll ein Aluminiumblech zerteilt werden. An dem Scherenhebel greift eine anteilige Handkraft von 100N an. Berechnen Sie die an einer Schneide wirkende Kraft für den momentanen Scherwinkel $\alpha = 20°$.

$$\boxed{\sum M_{rechtsdrehend} = \sum M_{linksdrehend}}$$ **G23** $\sum M_{Drehpunkt} = 0$

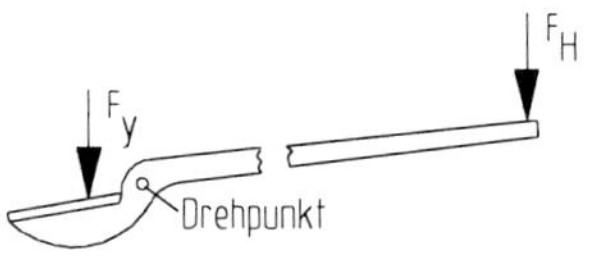

$$0 = F_H * l_H - F_y * l_1$$

$$F_y = \frac{F_H * l_H}{l_1}$$

$$F_y = \frac{100N * 200mm}{25mm} = \mathbf{800N}$$

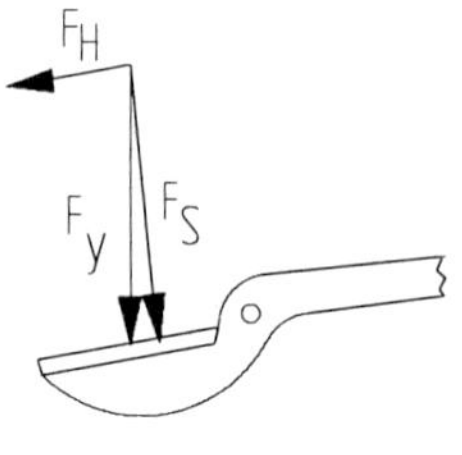

$$\boxed{\cos\alpha = \frac{F_S}{F_y}}$$ **G5**

$$F_S = F_y * \cos\alpha$$

$$F_S = 800N * \cos 20^\circ = \mathbf{751{,}7N}$$

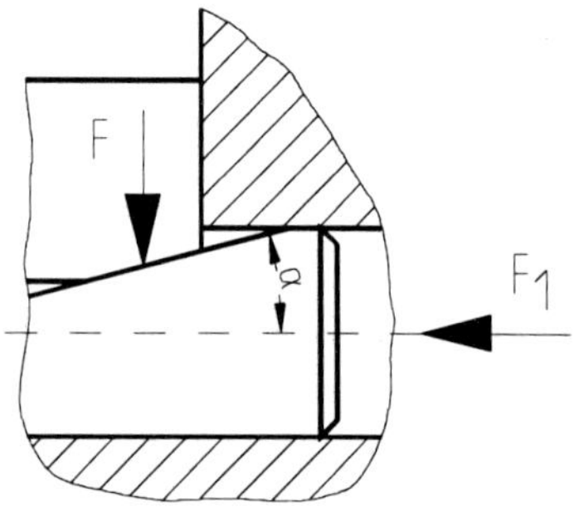

Aufgabe

Bei einem Formpreßwerkzeug wird von einem Schieber auf einen axial wirkenden Stempel eine Kraft von F = 5kN ausgeübt.

a. Für den reibungsfreien Zustand sollen die Kräfte bestimmt werden, welche auf die geneigte Fläche, Neigungswinkel $\alpha = 14°$, wirken.

b. Wie groß ist die Verschiebekraft F_1, wenn an den Gleitflächen $\mu = 0{,}1$ vorliegt ?

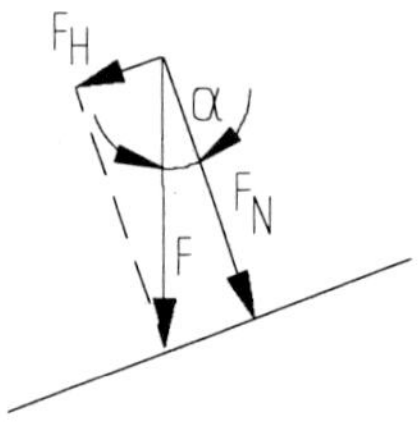

a. $$\boxed{\cos\alpha = \frac{F_N}{F}}$$ **G5/G23**

$$F_N = F * \cos\alpha$$

$$F_N = 5kN * \cos 14^\circ = \mathbf{4{,}85kN}$$

b. $$\boxed{F_1 = F * \tan(\alpha + 2 * \rho)}$$ **G23**

$\rho = \arctan \mu$ $\rho = \arctan 0{,}1 = 5{,}7^\circ$

$$F_1 = 5kN * \tan(14^\circ + 2 * 5{,}7^\circ) = 5kN * \tan 25{,}4^\circ = \mathbf{2{,}37kN}$$

Aufgabe

Mit einem Maschinenschraubstock sollen Teile mit einer Spannkraft F = 20kN eingespannt werden. Gewindespindel: Tr16x4

a. Wie groß ist die aufzubringende Hebelkraft F_H ?

b. Welches Drehmoment wird am Handhebel bei einem Hebelarm l_H = 250mm erzeugt ?

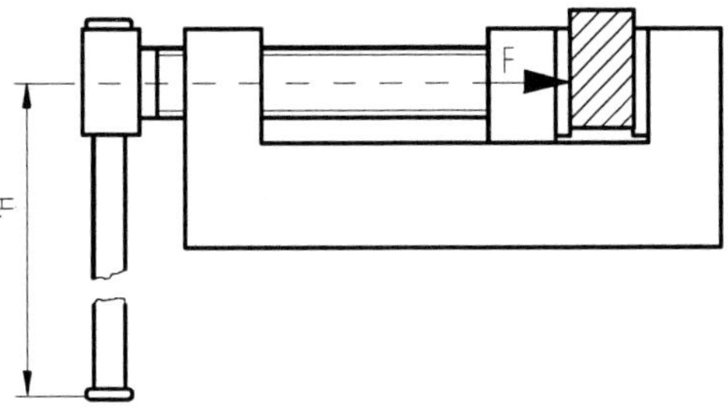

a. $\boxed{F_2 * P = F_1 * d * \pi}$ **G23**

$$F_1 = \frac{F_2 * P}{d * \pi}$$

setze: $F_1 = F_H$ *und* $F_2 = F$

$$F_H = \frac{20kN * 4mm}{500mm * \pi} = \mathbf{50{,}93N}$$

b. $\boxed{M = F * \frac{d}{2}}$ **G22**

$$M = 50{,}93N * 250mm = 12732{,}4Nmm = \mathbf{12{,}73Nm}$$

Aufgabe

Über eine Hebeleinrichtung sollen an einem Sicherheitsventil mehrere Druckzustände einstellbar sein. Mit Hilfe eines verschiebbaren Gewichtes F_G soll dies möglich sein. Berechnen Sie den Abstand a.

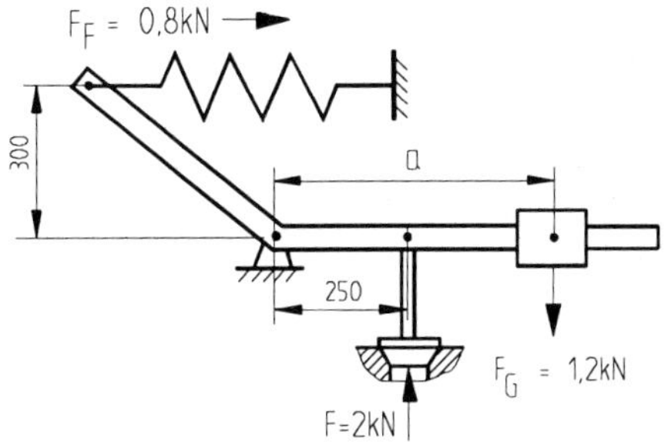

l_F = 300mm
l = 250mm

$\boxed{\sum M_{rechtsdrehend} = \sum M_{linksdrehend}}$ **G23** Drehpunkt: Lager

$$F_G * a + F_F * l_F = F * l$$

$$a = \frac{F * l - F_F * l_F}{F_G}$$

$$a = \frac{2kN * 250mm - 0{,}8kN * 300mm}{1{,}2kN} = \mathbf{216{,}66mm}$$

Aufgabe

Für das abgebildete Hebelgestänge sind folgende Kräfte zu ermitteln:

a. Die Seilkraft F_C,

b. Die Lagerkraft F_B,

c. Die Kraft F_F.

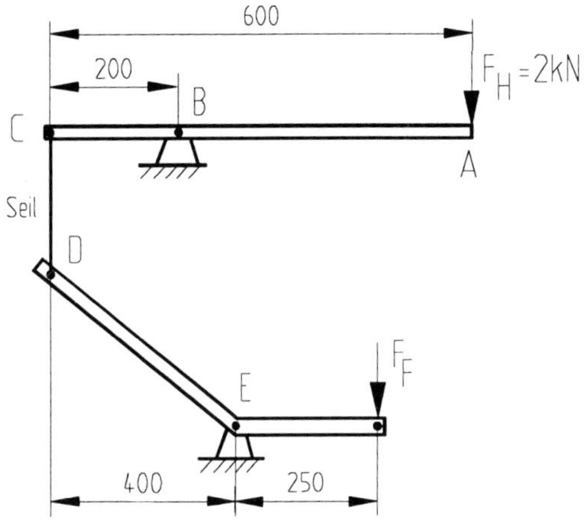

$\overline{AB} = l_H = 400mm$
$\overline{BC} = l_C = 200mm$
$\overline{DE} = l_D = 400mm$
$\overline{EF} = l_F = 250mm$

a. $\boxed{\sum M_{rechtsdrehend} = \sum M_{linksdrehend}}$ **G23** Drehpunkt: B

$$F_H * l_H = F_C * l_C$$

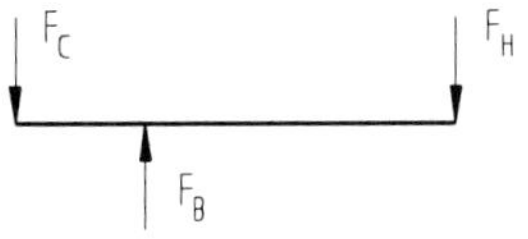

$$F_C = \frac{F_H * l_H}{l_C}$$

$$F_C = \frac{2kN * 400mm}{200mm} = \mathbf{4kN}$$

b. $\boxed{F_B = F_C + F_H}$ **G23**

$$F_B = 4kN + 2kN = \mathbf{6kN}$$

c. $\boxed{\sum M_{rechtsdrehend} = \sum M_{linksdrehend}}$ **G23** Drehpunkt: E

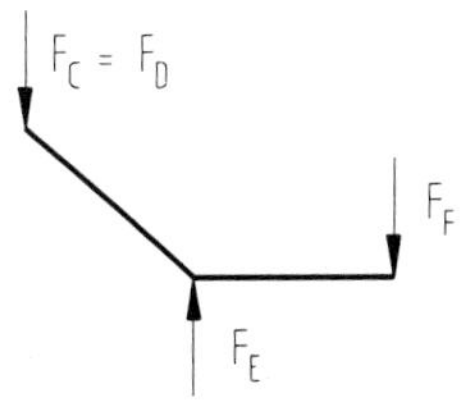

$$F_D * l_D = F_F * l_F \qquad F_F = \frac{F_D * l_D}{l_F}$$

$$F_F = \frac{4kN * 400mm}{250mm} = \mathbf{6{,}4kN} \qquad F_D = F_C \text{ gesetzt}$$

Aufgabe

Auf einer Welle sitzen mehrere Zahnräder. Angetrieben wird die Welle von einem Elektromotor und einer Zahnradübersetzung. Dabei ergibt sich am ersten Zahnrad eine Antriebskraft F = 7,5kN auf die Welle. An den Zahnrädern wirken die Kräfte F_1 und F_2. Bestimmen Sie die Lagerkräfte F_A und F_B.

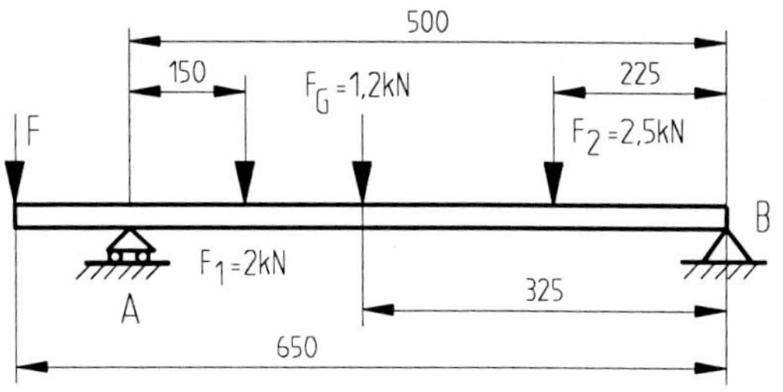

$$\boxed{\sum M_{rechtsdrehend} = \sum M_{linksdrehend}}$$ **G23**

$$F_A * l_A = F * l + F_1 * l_1 - F_G * l_G - F_2 * l_2 \qquad F_A = \frac{F*l + F_1*l_1 + F_G*l_G + F_2*l_2}{l_A}$$

$$F_A = \frac{7{,}5kN*650mm + 2kN*350mm + 1{,}2kN*325mm + 2{,}5kN*225mm}{500mm} = \mathbf{13{,}0kN}$$

$$\boxed{F + F_1 + F_2 + F_G = F_A + F_B}$$ **G36**

$$F_B = F + F_1 + F_G + F_2 - F_A$$

$$F_B = 7{,}5kN + 2kN + 1{,}2kN + 2{,}5kN - 13kN = \mathbf{0{,}2kN}$$

Aufgabe

Für ein Schneidwerkzeug mit Plattenführung soll die Lage a des Einspannzapfens ermittelt werden. Die am Werkzeug wirkenden Kräfte betragen F_1 = 10,5kN, F_2 = 4,8kN und F_3 = 2,6kN.

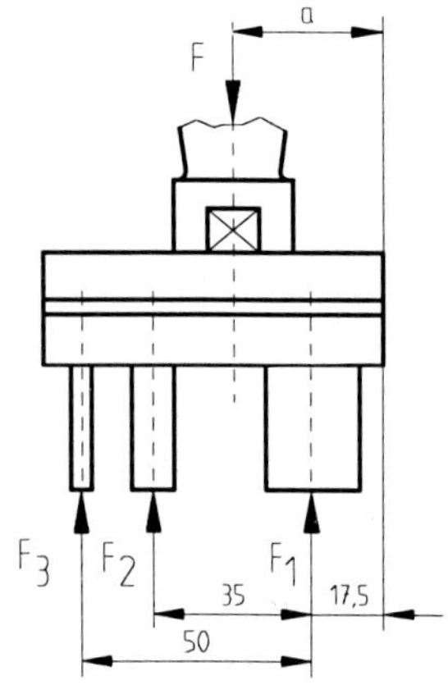

$$\boxed{\sum M_{rechtsdrehend} = \sum M_{linksdrehend}}$$ **G23** Drehpunkt: rechte Außenkante

$$F_1*l_1 + F_2*l_2 + F_3*l_3 = F*a \qquad a = \frac{F_1*l_1 + F_2*l_2 + F_3*l_3}{F}$$

$$\boxed{F = F_1 + F_2 + F_3}$$ **G36**

$$F = 10{,}5kN + 4{,}8kN + 2{,}6kN = \mathbf{17{,}9kN}$$

$$a = \frac{10{,}5kN*17{,}5mm + 4{,}8kN*52{,}5mm + 2{,}6kN*67{,}5mm}{17{,}9kN} = \mathbf{34{,}15mm}$$

l_1 = 17,5mm
l_2 = 52,5mm
l_3 = 67,5mm

Aufgabe

a. Für das abgebildete Fahrzeug, welches einen Container auflädt, sollen die Radkräfte F_A und F_B bestimmt werden.
b. Wie groß darf die Last F_L in der gezeichneten Stellung maximal sein, damit der Lastwagen nicht kippt ?

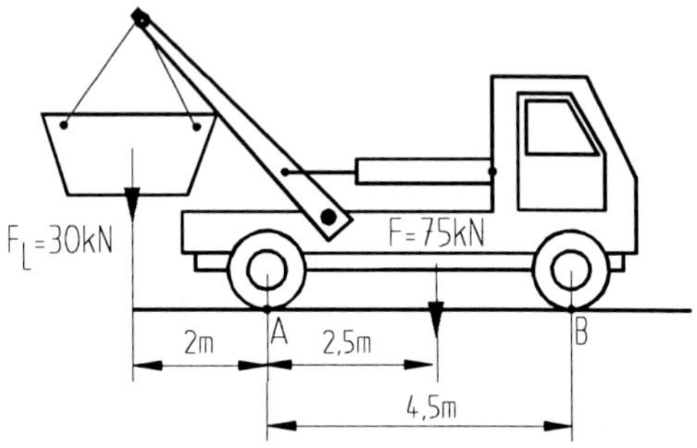

a. $$\boxed{\sum M_{rechtsdrehend} = \sum M_{linksdrehend}}$$ **G23** Drehpunkt: A

$$F*l = F_B*l_B + F_L*l_L$$

$$F_B = \frac{F*l - F_L*l_L}{l_B}$$

$$F_B = \frac{75kN*2{,}5m - 30kN*2m}{4{,}5m} = \mathbf{28{,}33kN}$$

l = 2,5m
l_L = 2m
l_B = 4,5m

$$\boxed{F_L + F = F_A + F_B}$$ **G36** $$F_A = F_L + F - F_B$$

$$F_A = 30kN + 75kN - 28{,}33kN = \mathbf{76{,}66kN}$$

b. $$\boxed{\sum M_{rechtsdrehend} = \sum M_{linksdrehend}}$$ **G23** Drehpunkt: A

$$F_L*l_L + F_B*l_B = F*l$$

Grenzfall vor dem Kippen: $F_B = 0$

$$F_L = \frac{F*l}{l_L} \qquad F_L = \frac{75kN*2{,}5m}{2m} = \mathbf{93{,}75kN}$$

1.5 Geschwindigkeit, Umdrehungsfrequenz

Aufgabe
Ein Schlepplift befördert Skifahrer mit einer Geschwindigkeit von 3,5 km/h zu einer Bergstation. Die Antriebsscheibe des Motors hat einen Durchmesser von 1,8m.
a. Mit welcher Umdrehungsfrequenz bewegt sich die Antriebsscheibe ?
b. Bestimmen Sie die maximale Förderkapazität pro Stunde. Der Abstand der Schleppbügel beträgt 5m und kann je 2 Personen aufnehmen.

a. $\boxed{v = d*\pi*n}$ **G20** $n = \frac{v}{d*\pi}$

$$n = \frac{3{,}5\frac{km}{h}*1000\frac{m}{km}*\frac{1h}{60\,min}}{1{,}8m*\pi} = \mathbf{10{,}3\frac{1}{min}}$$

b. $\boxed{z = \frac{l_1}{P} + 1}$ **G13**

$$z = \frac{3500\frac{m}{h}*1Person}{5m} + 1 = \mathbf{701\frac{Personen}{Stunde}}$$ bei 1 Person je Schleppbügel

$\boxed{z_{ges} = z*2}$ $z_{ges} = 701\frac{Personen}{Stunde}*2 = \mathbf{1402\frac{Personen}{Stunde}}$

Aufgabe
Mit einem Hallenlaufkran wird eine Last F_G = 12kN waagrecht mit v_W = 20m/min bewegt. Gleichzeitig wird die Last mit einer Hubgeschwindigkeit von v_H = 0,15m/s angehoben.
a. Bestimmen Sie die resultierende Geschwindigkeit v_{res}.
b. Welche Wegstrecke wird in 20s zurückgelegt ?

a. $\boxed{c^2 = a^2 + b^2}$ **G12** $\Rightarrow$ $\boxed{v_{res} = \sqrt{v_W^2 + v_H^2}}$

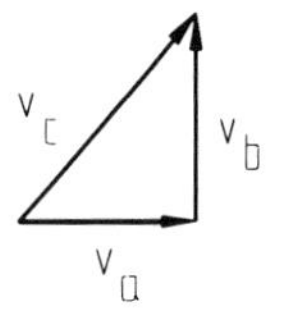

$$v_{res} = \sqrt{(\frac{20}{60})^2 + 0{,}15^2}\,\frac{m}{s} = \mathbf{0{,}36\frac{m}{s}}$$

b. $\boxed{v = \frac{s}{t}}$ **G20** $s = v*t$

$$s = 0{,}36\frac{m}{s}*20s = \mathbf{7{,}2m}$$

Aufgabe
Ein Werkstück aus S275JR (St44-2) soll mit einem Walzenstirnfräser aus HSS in einem Arbeitsgang überfräst werden.
Werkzeugdaten: Fräserdurchmesser 80mm, Fräserzähnezahl 12.
a. Bestimmen Sie die Umdrehungsfrequenz des Werkzeuges.
Einstellbare Umdrehungsfrequenzen:
35-45-56-70-90-112-140-180-224-280-355-450-560-710-900 min^{-1}
b. Berechnen Sie den Fräservorschub f und die Vorschubgeschwindigkeit v_f.

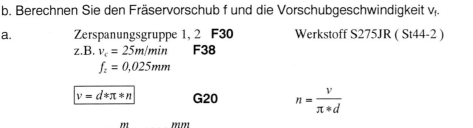

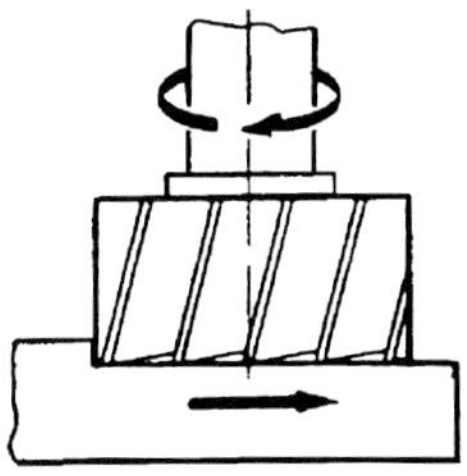

a. Zerspanungsgruppe 1, 2 **F30** Werkstoff S275JR (St44-2)
z.B. $v_c = 25m/min$ **F38**
$f_z = 0{,}025mm$

$\boxed{v = d*\pi*n}$ **G20** $n = \frac{v}{\pi*d}$

$$n = \frac{25\frac{m}{min}*1000\frac{mm}{m}}{80mm*\pi} = \mathbf{99{,}47\frac{1}{min}}$$ gewählt: $n = 90\frac{1}{min}$

b. $\boxed{f = f_z*z}$ **F8** $\boxed{v_f = f*n}$ **F8**

$f = 0{,}025mm*12 = \mathbf{0{,}3mm}$ $v_f = 0{,}3mm*90\frac{1}{min} = \mathbf{27\frac{mm}{min}}$

Aufgabe

Über ein Stirnradgetriebe wird eine Seilwinde bewegt. Mit Hilfe einer Handkurbel wird eine Umdrehungsfrequenz von n_H = 20min^{-1} erzeugt. Die Übersetzung des Getriebes beträgt i = 4:1

a. Berechnen Sie die Umdrehungsfrequenz der Seilwindentrommel.
b. Wie groß ist die Hubgeschwindigkeit der Last ?
c. In welcher Zeit kann eine Last auf eine Höhe von 12m befördert werden ?

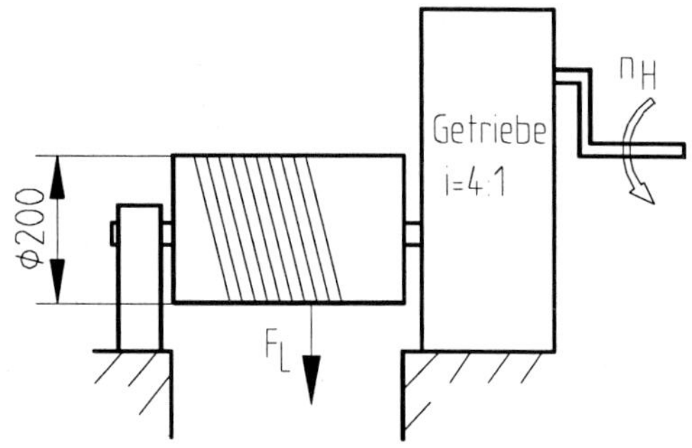

a. $\boxed{i = \frac{n_1}{n_2}}$ **G21** $n_2 = \frac{n_1}{i}$

$$n_2 = \frac{20\frac{1}{min}}{\frac{4}{1}} = \mathbf{5\frac{1}{min}}$$

b. $\boxed{v = d*\pi*n}$ **G20** $v = 200mm*\pi*5\frac{1}{min} = \mathbf{3141\frac{mm}{min}} = \mathbf{3{,}14\frac{m}{min}}$

c. $\boxed{v = \frac{s}{t}}$ **G20** $t = \frac{s}{v}$ $t = \frac{12m}{3{,}14\frac{m}{min}} = \mathbf{3{,}8min}$

Aufgabe

Hohlzylinderwerkstücke aus C15 mit einem Außendurchmesser d_a = 50mm und einem Innendurchmesser d_i = 25mm sollen durch Quer-Plandrehen in einem Schlichtschnitt mit einem HM-Drehmeißel P20 bearbeitet werden.

a. Bestimmen Sie den Drehweg L.
b. Berechnen Sie die Umdrehungsfrequenz.
c. Ermitteln Sie die Effektivgeschwindigkeit v_e, als resultierende Geschwindigkeit von v_c und v_f.
d. Wie groß ist die Zeit für die Bearbeitung bei einem Schnitt ?

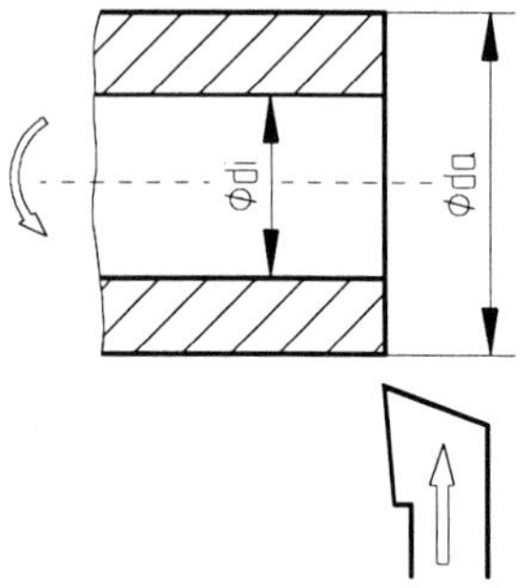

a. $\boxed{L = \frac{d_a - d_i}{2} + l_a + l_ü}$ **F7** $l_a = l_ü = 2mm$

$$L = \frac{50mm - 25mm}{2} + 2mm + 2mm = \mathbf{16{,}5mm}$$

b. Zerspanungsgruppe 1 **F30** Werkstoff C15

z.B. $a_p = 1mm$ $f = 0{,}1mm$ **F31**
$v_c = 450m/min$

$\boxed{v_c = d*\pi*n}$ **G20** $n = \frac{v_c}{d*\pi}$

$$n = \frac{450\frac{m}{min}*1000\frac{mm}{m}}{50mm*\pi} = \mathbf{2864{,}7\frac{1}{min}} = \mathbf{2865\frac{1}{min}}$$

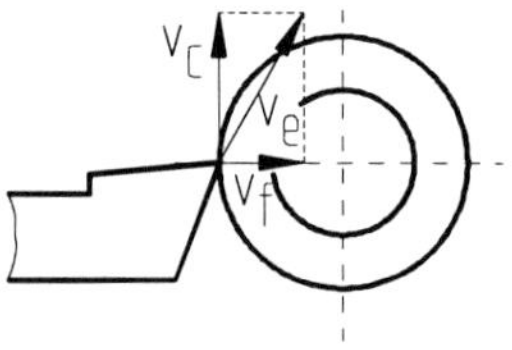

c. $\boxed{c^2 = a^2 + b^2}$ **G12**

$\boxed{v_f = f*n}$ **F8** $v_f = 0{,}1mm*2865\frac{1}{min} = \mathbf{286{,}5\frac{mm}{min}} \approx \mathbf{0{,}29\frac{m}{min}}$

$v_e = \sqrt{v_c^2 + v_f^2}$ $v_e = \sqrt{450^2 + 0{,}29^2}\frac{m}{min} \approx \mathbf{450\frac{m}{min}}$

d. $\boxed{t_h = \frac{d*\pi*L*i}{f*v_c}}$ **F7** bei stufenloser Umdrehungsfrequenzeinstellung

$$t_h = \frac{50mm*\pi*16{,}5mm*1}{0{,}1mm*450\frac{m}{min}*1000\frac{mm}{m}} = \mathbf{0{,}057min \approx 3{,}46s}$$

Seitenhinweise beziehen sich auf die 6. Auflage des Tabellenbuches HT 3291

1.6 Reibung

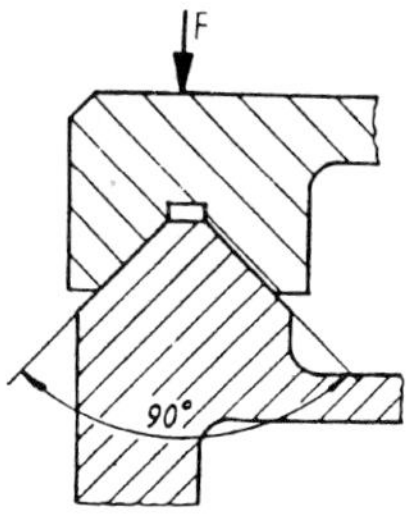

Aufgabe

Bei einer Drehmaschine wirkt auf die beiden Führungsbahnen anteilig eine Kraft F = 2,5kN.

a. Wie groß ist die zum Bewegen des Werkzeugschlittens erforderliche Kraft ? Gleitreibungszahl μ = 0,08

b. Welche Verschiebekraft tritt beim Zerspanungsprozeß auf, wenn eine Schnittkraft F_c = 12,5kN wirkt ?

a.

$$\sin\frac{\alpha}{2} = \frac{\frac{F}{2}}{F_N} \qquad \textbf{G5} \qquad F_N = \frac{F}{2*\sin\frac{\alpha}{2}} \qquad F_N = \frac{2,5kN}{2*\sin 45°} = \mathbf{1,77kN}$$

$$F_R = F_N * \mu \qquad \textbf{G27} \qquad F_R = 1,77kN*0,08 = \mathbf{141,6N}$$ für eine Führungsbahn

$$F_R^* = 2*F_R \qquad F_R^* = 2*141,6N = \mathbf{283,2N}$$ für beide Führungsbahnen

b. Wird ein System durch eine zusätzliche Kraft belastet, so ändern sich alle Kräfte im gleichen Verhältnis (proportional). Nimmt die Belastung durch F_c um das 5fache zu, so erhöht sich die Reibungskraft um das 5fache.

$$x = \frac{F_c}{F} \qquad x = \frac{12,5kN}{2,5kN} = \mathbf{5:1}$$

$$F_R' = x*F_R^* \qquad F_R' = 5*283,2N = \mathbf{1416N}$$

Aufgabe

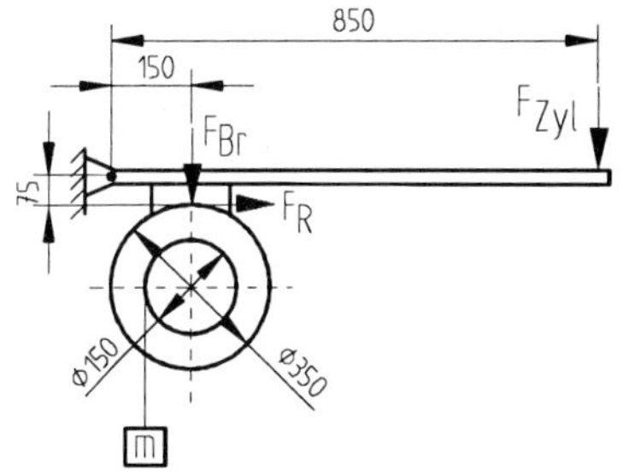

Mit Hilfe einer Bremseinrichtung soll eine Seilwinde abgebremst werden, um das Absenken einer Masse m = 400kg zu verhindern. Welche Druckkraft F_{zyl} müßte ein Hydraulikzylinder aufbringen ? Reibzahl μ_0 = 0,5

$$M = F*\frac{d}{2} \qquad \textbf{G22}$$

$$M = 4000N*\frac{150mm}{2} = \mathbf{300000Nmm = 300Nm}$$

$$M_R = F_R*\frac{d}{2} \qquad \textbf{G27} \qquad F_R = \frac{2*M_R}{d} \qquad F_R = \frac{2*300000Nmm}{350mm} = \mathbf{1714N}$$

$$F_R = \mu_0*F_N = \mu_0*F_{Br} \qquad \textbf{G27} \qquad F_{Br} = \frac{F_R}{\mu_0} \qquad F_{Br} = \frac{1714N}{0,5} = \mathbf{3428N}$$

$$F_{Br}*l_1 = F_{Zyl}*l_2 \qquad \textbf{G23} \qquad F_{Zyl} = \frac{F_{Br}*l_1}{l_2} \qquad F_{Zyl} = \frac{3428N*150mm}{850mm} = \mathbf{605N}$$

Aufgabe

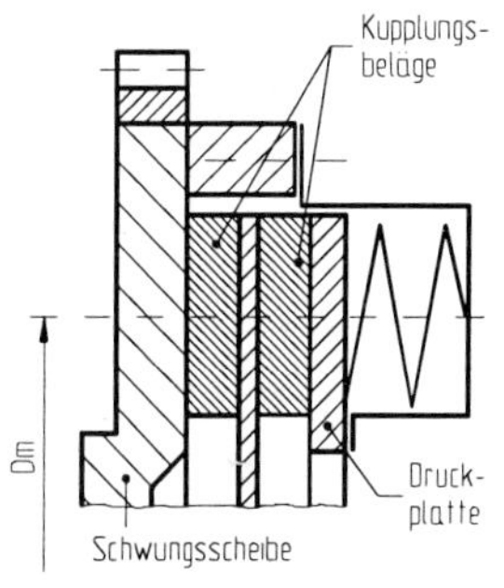

Die Anpreßkraft der Druckplatte einer Kfz-Kupplung auf die Kupplungsscheibe erfolgt mit am Umfang verteilten Druckfedern und beträgt F_F = 3000N. Überprüfen Sie, ob die Einscheibenkupplung ein Motordrehmoment von M = 120Nm bei einer Reibzahl μ_0 = 0,35 und einem wirksamen Reibdurchmesser D_m = 160mm übertragen kann.

$$M = F*\frac{d}{2} \qquad \textbf{G 22} \qquad F = \frac{2*M}{d}$$

$$F = \frac{2*120Nm*1000}{160m} = \mathbf{1500N} \qquad bei\ d = D_m$$

Die Umfangskraft entspricht der erforderlichen Reibkraft.

$$F_R = \mu_0*F_N \qquad \textbf{G27} \qquad F_R = \mu_0*F_F$$ setze $F_N = F_F$

$$F_R = 0,35*3000N = \mathbf{1050N}$$ vorhandene Reibkraft

Da die vorhandene Reibkraft kleiner als die erforderliche Reibkraft ist, reicht sie zur Übertragung des Momentes nicht aus.

1.7 Wärmedehnung

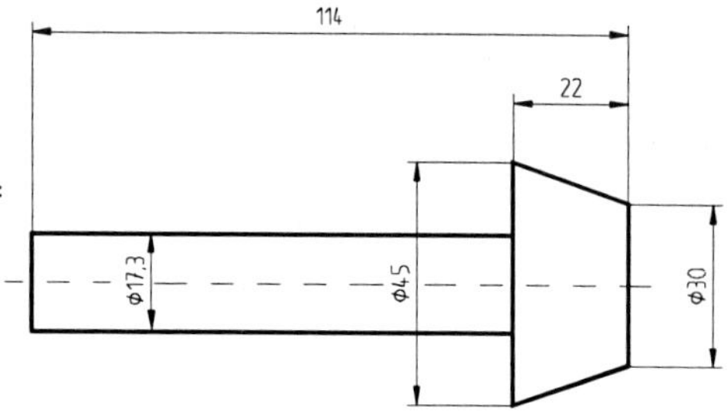

Aufgabe

Die Kegelritzelwelle aus C15 erwärmt sich im Betrieb von 20°C auf 65°C. Bestimmen Sie die Gesamtlänge nach der Erwärmung.

$\alpha_{St} = 0{,}000011\frac{1}{K}$ **W4** Linearer Ausdehnungskoeffizient

$\boxed{T_1 = t_1 + 273K}$ **G30** $\boxed{T_2 = t_2 + 273K}$

$\boxed{\Delta T = T_2 - T_1}$ $\Delta T = 338K - 293K = \mathbf{45K}$ **G2**

$\boxed{\Delta l = \alpha * l_0 * \Delta T}$ **G30** $\Delta l = 0{,}000011\frac{1}{K} * 114mm * 45K = \mathbf{0{,}0589mm}$

$\boxed{l = l_0 + \Delta l}$ $l = 114mm + 0{,}0589mm = \mathbf{114{,}0589mm}$

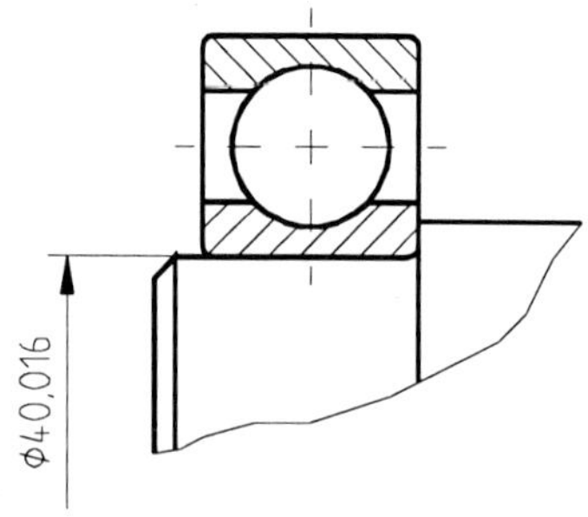

Aufgabe

Ein Rillenkugellager soll auf eine Welle aufgeschrumpft werden. Die Welle hat bei einer Temperatur von 20°C einen Durchmesser von 40,016mm. Das Rillenkugellager hat bei einer Temperatur von 20°C einen Innendurchmesser von 39,995mm. Auf welche Temperatur müßte das Rillenkugellager erwärmt werden, damit man es auf die Welle aufziehen kann ?

$\boxed{\Delta d = d_W - d_L}$ **G30**

$\Delta d = 40{,}016mm - 39{,}995mm = \mathbf{0{,}021mm}$

$\boxed{\Delta d = \alpha * d_0 * \Delta T}$ **G30** $\Delta T = \frac{\Delta d}{d_0 * \alpha_{St}}$ $\alpha_{St} = 0{,}000011\frac{1}{K}$ **W4**

$$\Delta T = \frac{0{,}021mm}{39{,}995mm * 0{,}000011\frac{1}{K}} = \mathbf{47{,}73K \approx 48K}$$

$\boxed{T_1 = t_1 + 273K}$ **G30** $T_1 = 20K + 273K = \mathbf{293K}$ **G2**

$\boxed{T_2 = T_1 + \Delta T}$ $T_2 = 293K + 48K = \mathbf{341K}$ **G2**

$\boxed{t_2 = T_2 - 273K}$ $t_2 = 341K - 273K = \mathbf{68°C}$ **G2**

Aufgabe

Ein Kfz-Kraftstofftank hat einen Tankinhalt von 85 Litern und ist bei 20°C mit 83,5 Litern Kraftstoff befüllt. Durch Sonneneinstrahlung wird der Tank auf 42°C erwärmt. Überprüfen Sie, ob der Tank bei dieser Erwärmung überläuft.

$\gamma = 0{,}001\frac{1}{K}$ **W4** Raumausdehnungskoeffizient von Benzin $\Delta T = 22K$

$\boxed{\Delta V = V_0 * \gamma * \Delta T}$ **G30** $\Delta V = 83{,}5l * 0{,}001\frac{1}{K} * 22K = \mathbf{1{,}837\,l}$

$\boxed{V = V_0 + \Delta V}$ $V = 83{,}5l + 1{,}837l = \mathbf{85{,}337\,l}$

Der Tank läuft über, da das Volumen größer als das Fassungsvermögen von 85 l ist.

Aufgabe

Eine Stahlschiene hat bei 45°C eine Länge von 15m und ist Temperaturschwankungen von -8°C bis +45°C ausgesetzt. In welchem Bereich, l_{max} und l_{min}, kann die Länge der Schiene schwanken ?

$l_{max} = 15m$ $\Delta T = 53K$

$\boxed{\Delta l = \alpha * l_0 * \Delta T}$ **G30** $\alpha_{St} = 0{,}000011\frac{1}{K}$ **W4**

$\Delta l = 15000mm * 0{,}000011\frac{1}{K} * 53K = \mathbf{8{,}74mm}$

$\boxed{l_{min} = l_0 - \Delta l}$ $l_{min} = 15000mm - 8{,}74mm = \mathbf{14991{,}26mm}$

Seitenhinweise beziehen sich auf die 6. Auflage des Tabellenbuches HT 3291

1.8 Elektrotechnik

1.8.1 *Ohmsches Gesetz, Reihen-, Parallelschaltung*

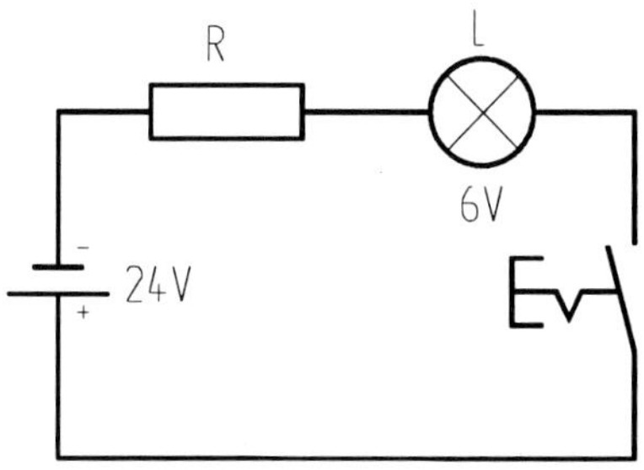

Aufgabe (Stromkreis, Widerstand)
An eine Spannungsquelle von 24V soll eine Glühlampe angeschlossen werden. Da keine entsprechende Glühlampe zur Verfügung steht, soll eine Lampe mit 6V und 18W Leistung verwendet werden. Es wird zusätzlich ein Widerstand dazu geschaltet.

a. Welche Stromstärke stellt sich ein, wenn die Leistung der Lampe ausgeschöpft wird ?
b. Wie groß muß der Vorwiderstand sein ?
c. Wie groß ist der Gesamtwiderstand im Stromkreis ?
d. Wie groß ist die Heizleistung des Widerstandes ?

a. $\boxed{P = U * I}$ **G38** Stromstärke ist überall gleich, da Reihenschaltung

$I = \frac{P}{U}$ $I = \frac{18VA}{6V} = \mathbf{3A}$

b. $U_R = 18V$ Spannungsabfall am Widerstand

$\boxed{I = \frac{U}{R}}$ **G37** $R = \frac{U}{I}$ $R = \frac{18V}{3A} = \mathbf{6\Omega}$

c. $\boxed{R_{ges} = \frac{U}{I}}$ $R_{ges} = \frac{24V}{3A} = \mathbf{8\Omega}$

oder $\boxed{R_{ges} = R_{Lampe} + R_{Vorwider.}}$ $R_{Lampe} = \frac{U}{I}$ $R_{Lampe} = \frac{6V}{3A} = 2\Omega$

$R_{ges} = 2\Omega + 6\Omega = \mathbf{8\Omega}$

d. $\boxed{P = U * I}$ **G38**

$P = 18V * 3A = \mathbf{54W}$

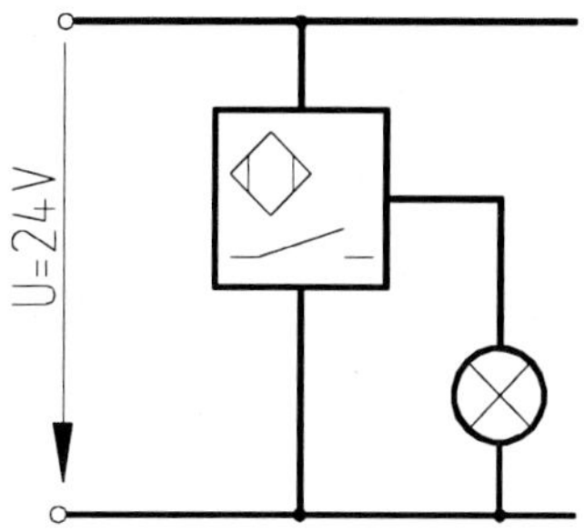

Aufgabe
An einem Förderband ist ein Sensor montiert, der Metallteile registriert. Sobald ein Metallteil vorbeikommt, leuchtet eine Lampe auf. Die Stromaufnahme des Sensors beträgt 20mA, die Lampe hat eine Leistung von 12W und die Arbeitsspannung beträgt 24V.

a. Berechnen Sie den Gesamtwiderstand.
b. Berechnen Sie die Stromaufnahme und Leistung im bedämpften Zustand.

a. $\boxed{P = U * I}$ **G38** $I_L = \frac{P}{U}$

$I_L = \frac{12W}{24V} = \mathbf{0{,}5A}$

$\boxed{R_L = \frac{U}{I}}$ **G37** $R_L = \frac{24V}{0{,}5A} = \mathbf{48\Omega}$

$\boxed{R_S = \frac{U}{I}}$ $R_S = \frac{24V}{0{,}02A} = \mathbf{1200\Omega}$

$\boxed{\frac{1}{R_{ges}} = \frac{1}{R_S} + \frac{1}{R_L}}$ **G37** $\frac{1}{R_{ges}} = \frac{1}{1200\Omega} + \frac{1}{48\Omega} = \frac{1}{1200\Omega} + \frac{25}{1200\Omega} = \mathbf{\frac{26}{1200\Omega}}$

$R_{ges} = \frac{1200\Omega}{26} = \mathbf{46{,}1\Omega \approx 46\Omega}$

b. $\boxed{P = U * I}$ **G38** $\boxed{I_{ges} = I_L + I_S}$ **G38** $I_{ges} = 0{,}5A + 0{,}02A = \mathbf{0{,}52A}$

$P = 24V * 0{,}52A = \mathbf{12{,}48W}$

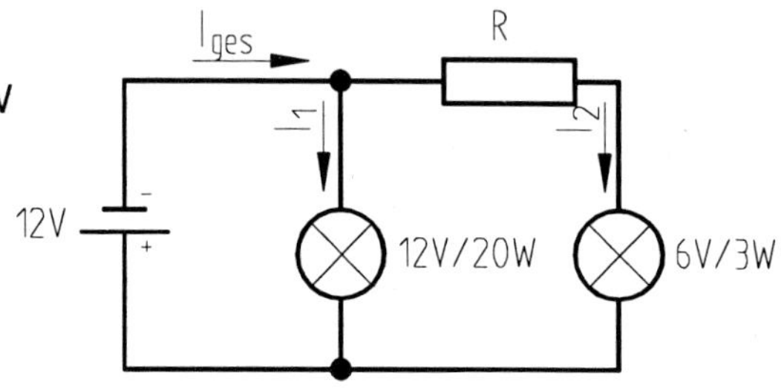

Aufgabe

An eine Autobatterie sind die Lampenverbraucher L_1 mit 12V/20W und L_2 mit 6V/3W laut Skizze angeschlossen.

a. Berechnen Sie die Teilströme I_1 und I_2.

b. Berechnen Sie den Gesamtstrom I_{ges}.

c. Berechnen Sie den erforderlichen Vorwiderstand R.

d. Berechnen Sie die Lampenwiderstände R_1, R_2.

e. Berechnen Sie den Gesamtwiderstand R_{ges}.

a. $\boxed{P = U * I}$ **G38** $I = \frac{P}{U}$

$I_1 = \frac{P_1}{U_1} = \frac{20VA}{12V} = \mathbf{1{,}67A}$ $I_2 = \frac{P_2}{U_2} = \frac{3VA}{6V} = \mathbf{0{,}5A}$

b. $\boxed{I_{ges} = I_1 + I_2}$ **G37** $I_{ges} = 1{,}67A + 0{,}5A = \mathbf{2{,}17A}$

c. $U_R = 6V$ Spannungsabfall am Widerstand

$\boxed{R = \frac{U}{I}}$ **G37** $R = \frac{6V}{0{,}5A} = \mathbf{12\Omega}$

d. $\boxed{R_1 = \frac{U_1}{I_1}}$ $\boxed{R_2 = \frac{U_2}{I_2}}$

$R_1 = \frac{12V}{1{,}67A} = \mathbf{7{,}2\Omega}$ $R_2 = \frac{6V}{0{,}5A} = \mathbf{12\Omega}$

e. Gesamtwiderstand im Stromkreis 2

$\boxed{R_{2\,ges} = R + R_2}$ **G37** $R_{2\,ges} = 12\Omega + 12\Omega = \mathbf{24\Omega}$

$\boxed{\frac{1}{R_{ges}} = \frac{1}{R_1} + \frac{1}{R_{2\,ges}}}$ **G37** $\frac{1}{R_{ges}} = \frac{1}{7{,}2\Omega} + \frac{1}{24\Omega} = \frac{24}{172{,}8\Omega} + \frac{7{,}2}{172{,}8\Omega} = \mathbf{\frac{31.2}{172{,}8\Omega}}$

$R_{ges} = \frac{172{,}8\Omega}{31{,}2} = \mathbf{5{,}54\Omega}$

1.8.2 *Spezifischer Leiterwiderstand*

Aufgabe

a. Eine kreisförmig gewickelte Kupferspule soll einen Drahtwiderstand von 15Ω besitzen. Der Drahtdurchmesser der Kupferwicklung beträgt d = 0,5mm. Bestimmen Sie die benötigte Länge des Kupferdrahtes für die geforderte Spule.

b. Berechnen Sie die Anzahl der möglichen Wicklungen, wenn die Spule einen mittleren Durchmesser D_m = 50mm aufweisen soll.

c. Im Betriebszustand erwärmt sich die Spule auf 45°C. Berechnen Sie die Widerstandsänderung.

a. $\boxed{R = \frac{\rho * l}{A}}$ **G37** $\rho_{Cu} = 0{,}0175\frac{\Omega mm^2}{m}$ **G37**

$l = \frac{R * A}{\rho}$ $\boxed{A = \frac{d^2 * \pi}{4}}$ **G15**

$l = \frac{15\Omega * 0{,}196mm^2}{0{,}0175\frac{\Omega mm^2}{m}} = \mathbf{168m}$ $A = \frac{(0{,}5mm)^2 * \pi}{4} = \mathbf{0{,}196mm^2}$

b. Länge L des benötigten Cu-Drahtes = Kreisumfang U der Spule x Anzahl der Windungen

$\boxed{L = D_m * \pi * n}$ **G15** $\boxed{U = D_m * \pi}$ **G15**

$n = \frac{L}{D_m * \pi}$ $n = \frac{168m}{0{,}05m * \pi} \approx \mathbf{1070\ Windungen}$

c. $\boxed{\Delta R = \alpha * R * \Delta\vartheta}$ **G37** $\alpha \approx 0{,}004° C^{-1}$ **G37**

$\Delta R = 0{,}004°\frac{1}{C} * 15\Omega * (45 - 20)°C = \mathbf{1{,}5\Omega}$

1.8.3 *Elektrische Arbeit und Leistung*

Aufgabe
Für die Kalkulation wird der Energieverbrauch einer Maschine benötigt. Bei einer Maschinenlaufzeit von 16 Stunden werden an einem Zwischenzähler 240kWh abgelesen.
a. Mit welcher durchschnittlichen Leistungsaufnahme wird die Maschine benutzt ?
b. Berechnen Sie die durchschnittlichen Stromkosten pro Stunde, wenn pro kWh 0,16DM an das Energieversorgungsunternehmen zu entrichten sind.

a. $\boxed{P = \frac{W}{t}}$ **G38**

$$P = \frac{240kWh}{16h} = \mathbf{15kW}$$

b. $\boxed{Kosten = W * t * Stromkosten}$

$$Kosten = 15kWh * \frac{1}{1h} * 0{,}16\frac{DM}{kWh} = \mathbf{2{,}40\frac{DM}{h}}$$

Aufgabe
Mittels einer Winde von einem Baukran wird eine Masse von 200kg in 5 Sekunden 24m hochgezogen. Die Wirkungsgrade der einzelnen Baugruppen sind für die Winde 95%, das Getriebe 80% und den Motor 90%.
a. Wie groß ist die mechanische und die elektrische Arbeit ?
b. Bestimmen Sie die Leistung P_{ab} und P_{zu} .

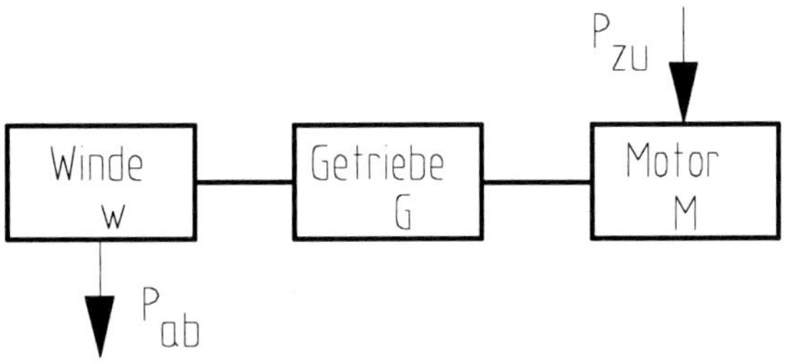

a. $\boxed{W = F * s}$ **G25**

$$W = 2000N * 24m = \mathbf{48000Nm}$$ mechanische Arbeit

$\boxed{1W = \frac{1N * 1m}{1s} \Rightarrow 1Nm = 1Ws}$ **G25** Einheitenbetrachtung

$$48000Nm = 48000Ws$$

$$\frac{48000kW * 1h}{1000 * 3600s} = \mathbf{0{,}013kWh}$$ elektrische Arbeit

b. $\boxed{P_{ab} = \frac{W}{t}}$ **G26**

$$P_{ab} = \frac{48000Nm}{5s} = 9600\frac{Nm}{s} = \mathbf{9600W} = \mathbf{9{,}6kW}$$

$\boxed{P_{zu} = \frac{P_{ab}}{\eta_{ges}}}$ **G25**

$\boxed{\eta_{ges} = \eta_w * \eta_G * \eta_M}$ **G25**

$$P_{zu} = \frac{9{,}6kW}{0{,}95 * 0{,}8 * 0{,}9} = \mathbf{14kW}$$

1.9 Gasgesetze

Aufgabe

Ein Gasflaschenmanometer zeigte bei 15°C einen Druck von 120 bar an. Durch Sonneneinstrahlung stieg der Flaschendruck auf 150 bar an. Welche Temperatur erreichte bei diesem Druck das Gas ?

$\boxed{T_1 = t_1 + 273K}$ **G30** $T_1 = 15K + 273K = 288K$ Zustand 1 = Ausgangszustand

$p_1 = 120bar$

$\boxed{\frac{p_2}{p_1} = \frac{T_2}{T_1}}$ **G29** $T_2 = T_1 * \frac{p_2}{p_1}$ Zustandsänderung bei konstantem Volumen

$T_2 = 288K * \frac{150bar}{120bar} = \mathbf{360K}$ $T_2 = 360K - 273K = \mathbf{83° C}$

Aufgabe

Ein Druckbehälter hat ein Volumen von 1,5m^3. Die komprimierte Luft hat einen Druck von 6 bar bei einer Temperatur von 26°C. Wieviel Luft ist bei Normalbedingungen p_2 = 1 bar, t_2 = 0°C enthalten?

$\boxed{T_1 = t_1 + 273K}$ **G30** $T_1 = 26K + 273K = 299K$ Zustand 1 = Ausgangszustand

$p_1 = 6bar$ $V_1 = 1{,}5m^3$

$\boxed{\frac{p_2}{p_1} = \frac{T_2}{T_1}}$ **G29** $p_2 = p_1 * \frac{T_2}{T_1}$

$p_2 = 6bar * \frac{273K}{299K} = \mathbf{5{,}48bar}$

Umrechnung auf $p_2 = 1bar$ bei konstanter Temperatur

$\boxed{\frac{V_2}{V_1} = \frac{p_1}{p_2}}$ **G29** $V_2 = V_1 * \frac{p_1}{p_2}$

$V_2 = 1{,}5m^3 * \frac{5{,}478bar}{1bar} = \mathbf{8{,}22m^3}$

Aufgabe

Ein Druckausgleichsgefäß ist bei 20°C mit Stickstoff von 0,5 bar gefüllt. Das Gas nimmt dabei einen Rauminhalt von 50 Litern ein. Nach dem Einbau und dem Betrieb in einer Heizung stellt sich ein Druck von 1,6 bar bei einer Temperatur von 25°C ein. Das Gas wird dabei zusammengedrückt. Auf welches Volumen wurde das Gas komprimiert ?

$p_1 = 0{,}5bar$ $T_1 = 20K + 273K = 293K$ **G30** $V_1 = 50\,l$

$p_2 = 1{,}6bar$ $T_2 = 25K + 273K = 298K$ **G30** $V_2 = ?\,l$

Volumenänderung bei konstanter Temperatur

$\boxed{\frac{V_2}{V_1} = \frac{p_1}{p_2}}$ **G29** $V_2 = V_1 * \frac{p_1}{p_2}$

$V_2 = 50\,l * \frac{0{,}5bar}{1{,}6bar} = \mathbf{15{,}62\,l}$

Volumenänderung bei konstantem Druck; setze $V_2 = V_1'$

$\boxed{\frac{V_2}{V_1} = \frac{T_2}{T_1}}$ **G29** $V_2' = V_1' * \frac{T_2}{T_1}$

$V_2' = 15{,}62\,l * \frac{298K}{293K} = \mathbf{15{,}89\,l}$

oder $\boxed{\frac{p_1 * V_1}{T_1} = \frac{p_2 * V_2}{T_2}}$ $V_2 = \frac{T_2}{p_2} * \frac{p_1 * V_1}{T_1}$ Allgemeine Gasgleichung

$V_2 = \frac{298K * 0{,}5bar * 50\,l}{1{,}6bar * 293K} = \mathbf{15{,}89\,l}$

2.1 Teilen

2.1.1 *Teilen gerader Strecken*

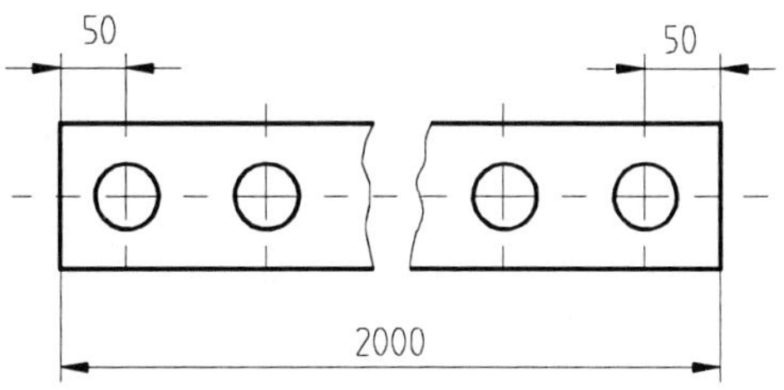

Aufgabe
In einen Stahlstab von 2000mm Länge sollen in gleichmäßigen Abständen 20 Bohrungen gebohrt werden. Die erste und letzte Bohrung haben einen Randabstand von 50mm. Wie groß sind die Lochabstände P ?

$$\boxed{l_1 = L - l_2 - l_3} \quad \textbf{G13}$$

$$l_1 = 2000mm - 50mm - 50mm = \mathbf{1900mm}$$

$$\boxed{P = \frac{l_1}{n-1}} \quad \textbf{G13} \qquad P = \frac{1900mm}{20-1} = \mathbf{100mm}$$

Aufgabe
In ein Stahlband von 1200mm Länge werden fortlaufend Löcher in konstanten Abständen von P = 50mm gebohrt, wobei die erste Bohrung 60mm vom Bandanfang entfernt angebracht wird. Die Anzahl der Bohrungen beträgt n = 20. Bestimmen Sie den Randabstand der letzten Bohrung vom Bandende.

$$\boxed{L = z * P + l_2 + l_3} \quad \textbf{G13} \qquad z = n - 1$$

$$l_3 = L - (n-1) * P - l_2$$

$$l_3 = 1200mm - 19 * 50mm - 60mm = \mathbf{190mm}$$

2.1.2 *Teilen mit dem Teilapparat*

Aufgabe
In eine Rastenscheibe sind gleichmäßig am Umfang verteilt 6 Nuten zu fräsen.
a. Berechnen Sie die Verstellung der Teilscheibe beim direkten Teilen. Die Teilscheibe hat eine 24er Teilung.
b. Berechnen Sie die Anzahl der Teilkurbelumdrehungen bei indirektem Teilen, wobei genormte Teilscheiben zu verwenden sind.

a. $$\boxed{n_i = \frac{L}{T}} \quad \textbf{F37}$$

$$n_i = \frac{24}{6} = \mathbf{4}$$

Für jede Nut ist die Scheibe um 4 Löcher/Rasten weiterzudrehen.

b. $$\boxed{n_k = \frac{i}{T}} \quad \textbf{F37}$$

$$n_K = \frac{40}{6} = 6\frac{4}{6} = \mathbf{6\frac{12}{18}}$$

6 Umdrehungen + 12 Löcher auf einer 18er Lochscheibe

Aufgabe
Mit Hilfe eines Teilapparates ist ein Zahnrad mit 112 Zähnen zu fertigen.
a. Bestimmen Sie eine Teilapparateeinstellung für indirektes Teilen.
b. Berechnen Sie mit Hilfe des Differentialteilens die Einstellung, die am Teilapparat vorgenommen werden muß.

a. $$\boxed{n_k = \frac{i}{T}} \quad \textbf{F37} \qquad n_K = \frac{40}{112} = \frac{10}{28} = \mathbf{\frac{5}{14}} = \mathbf{\frac{15}{42}}$$

15 Löcher auf 42er Lochscheibe

b. $$\boxed{n_k = \frac{i}{T'}} \quad T' = 110 \qquad n_K = \frac{40}{110} = \mathbf{\frac{4}{11}} = \mathbf{\frac{12}{33}}$$

12 Löcher auf 33er Lochscheibe

erforderliche Zahnräder

$$\frac{z_r}{z_g} = \frac{i}{T'} * (T' - T) \quad \textbf{F37} \qquad \frac{z_r}{z_g} = \frac{40}{110} * (110 - 112) = \frac{4}{11} * (-2) = -\frac{8}{11} = -\frac{8*1}{1*11} = -\mathbf{\frac{48*24}{24*66}} = \frac{z_1 * z_3}{z_2 * z_4}$$

Der Drehsinn von Kurbel und Teilscheibe muß entgegengesetzt sein, ggf. muß ein Zwischenrad eingebaut werden. Bei einfacher Übersetzung sind eventuell zwei Zwischenräder erforderlich.

Aufgabe (Winkelangabe)

An einem Kreissegment sind nach Zeichnung 3 Nuten zu fräsen. Das Werkstück ist mit der Meßuhr ausgerichtet und wird um die entsprechenden Winkel, α = 15°15' , ß = 30°30' , γ = 10°5', gedreht. Es wird der gleiche Lochkreis verwendet. Bestimmen Sie die Teilkurbelumdrehungen. Falls dies nicht möglich ist, so kann der Winkel bis zu einem Fehler von 5' geändert werden.

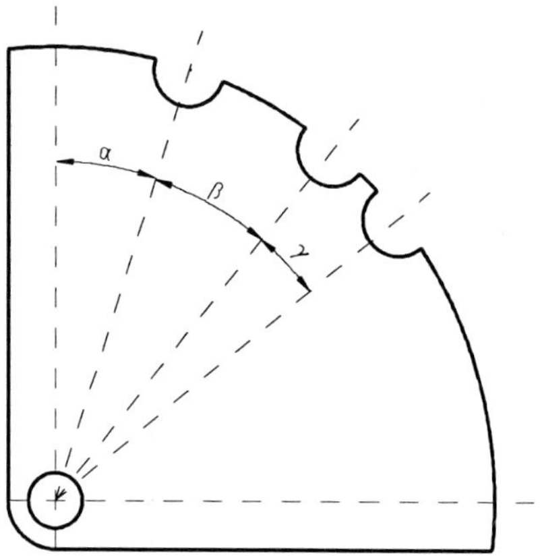

$$n_k = \frac{\alpha}{9}$$ **F37**

$$\alpha = 15°15' = 15°\frac{15°}{60} = \mathbf{15\frac{1°}{4}} = \frac{\mathbf{61°}}{\mathbf{4}}$$

$$n_k = \frac{61}{4*9} = \frac{61}{36} = \mathbf{1\frac{25}{36}}$$

1 Umdr. + 25 Löcher auf 36er LK

$$n_k = \frac{\beta}{9}$$ **F37**

$$\beta = 30°30' = 30°\frac{30°}{60} = 30\frac{1°}{2} = \frac{\mathbf{61°}}{\mathbf{2}} = \frac{\mathbf{122°}}{\mathbf{4}}$$

$$n_k = \frac{122}{4*9} = \frac{122}{36} = \mathbf{3\frac{14}{36}}$$

3 Umdrehungen + 14 Löcher auf 36er Lochkreis

$$n_k = \frac{\gamma}{9}$$ **F37**

$$\gamma = 10°5' = 10°\frac{5°}{60} = 10\frac{1°}{12} = \frac{\mathbf{121°}}{\mathbf{12}}$$

$$n_k = \frac{121}{12*9} = \frac{121}{108} = \frac{\mathbf{121}}{\mathbf{3*36}}$$

gewählt: $\gamma = \frac{120°}{12}$, da kein 108er Lochkreis verfügbar

$$n_k = \frac{120}{3*36} = \frac{40}{36} = \mathbf{1\frac{4}{36}}$$

1 Umdrehung + 4 Löcher auf 36er Lochkreis

$$\frac{1°}{12} = \frac{5°}{60} = \mathbf{5'}$$

Fehlerbetrachtung, da anstatt $\frac{121}{12}$ *jetzt* $\frac{120}{12}$ gewählt wurde

Aufgabe (Wendelnutfräsen)

Ein Walzenfräser soll für Sonderzwecke angefertigt werden. Die Schneiden sind wendelförmig und haben eine Steigung von P = 800mm. Der Fräser hat bei regelmäßiger Teilung eine Schneidenzahl von 17 (gleicher Winkel), eine Fräserbreite von 200mm und einen Fräserdurchmesser D = 120mm. Die Herstellung des Fräsers erfolgt auf einer Universalfräsmaschine mit einem Universalteilapparat. Die Tischspindel weist eine Steigung von 6mm auf.

a. Berechnen Sie den Einstellwinkel des Fräsmaschinentisches.
b. Bestimmen Sie die Wechselräder, die zwischen Tischspindel und Teilapparat aufzustecken sind.
c. Welche Einstellung ist am Teilapparat zum Fräsen der Zahnlücken vorzunehmen ?

a. $$P = \pi * d * \tan\alpha$$ **F37**

$$\tan\alpha = \frac{P}{\pi * d}$$

$$\tan\alpha = \frac{800mm}{\pi * 120mm} = \mathbf{2{,}122}$$

$$\alpha = \arctan 2{,}122 = \mathbf{64{,}76°} \approx \mathbf{64°45'}$$

$$\beta = 90° - \alpha$$ **F37**

$$\beta = 90° - 64{,}76° = \mathbf{25{,}24°} \approx \mathbf{25°15'}$$

b. $$\frac{z_T}{z_g} = \frac{P_T * 40}{P}$$ **F37**

$$\frac{z_T}{z_g} = \frac{6mm*40}{800mm} = \frac{6*1}{20} = \frac{3}{10} = \frac{3*8}{10*8} = \frac{\mathbf{24}}{\mathbf{80}} = \frac{z_1}{z_2}$$

Es genügt eine einfache Übersetzung. Dazu ist ein Zwischenrad zur Überbrückung des Abstandes bis zum Spreitzdorn des Teilapparates einzubauen. Die Drehrichtung des Werkstückes ist zu kontrollieren und ggf. durch ein zweites Zwischenrad umzukehren.

c. $$n_k = \frac{i}{T}$$ **F37**

$$n_k = \frac{40}{17} = \mathbf{2\frac{6}{17}}$$

Auf einem 17er Lochkreis sind 2 Umdrehungen und 6 Löcher je Teilung einzustellen.

2.2 Spanende Bearbeitung

2.2.1 *Kegelberechnung*

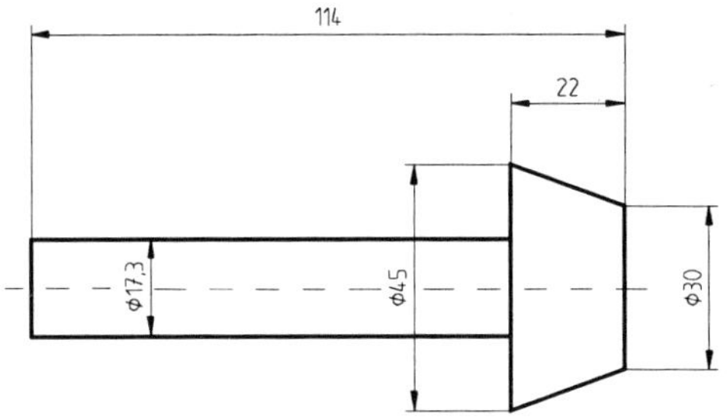

Aufgabe

Aus einem Rundteil soll nach Skizze ein Kegel mittels Oberschlittenverstellung angedreht werden.

a. Berechnen Sie die Kegelverjüngung.

b. Berechnen Sie den Einstellwinkel α/2.

a. $\boxed{C = \frac{D-d}{L}}$ **F33**

$$C = \frac{45mm - 30mm}{22mm} = \boldsymbol{0{,}68{:}1}$$

b. $\boxed{\tan\frac{\alpha}{2} = \frac{C}{2}}$ **F33**

$$\tan\frac{\alpha}{2} = 0{,}3409 \quad \Rightarrow \quad \frac{\alpha}{2} = \arctan 0{,}3409 = \boldsymbol{18°50'}$$

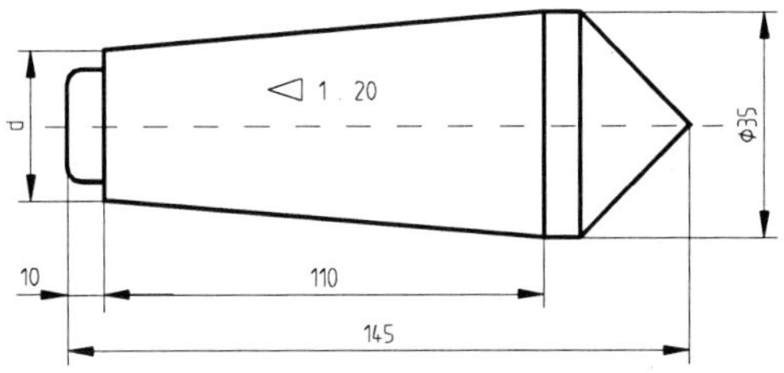

Aufgabe

Auf einer Drehmaschine soll für die abgebildete Körnerspitze der Aufnahmekegel 1:20 mittels Reitstockverstellung hergestellt werden.

a. Wie groß ist der Durchmesser d ?

b. Berechnen Sie die Reitstockverstellung.

c. Bestimmen Sie die maximale Reitstockverstellung, und überprüfen Sie, ob eine Herstellung möglich ist.

a. $\boxed{C = \frac{D-d}{L}}$ **F33** $d = D - C*L$

$$d = 35mm - \frac{1}{20}*110mm = \boldsymbol{29{,}5mm}$$

b. $\boxed{v_R = \frac{C*L_W}{2}}$ **F33** $v_R = \frac{1*145mm}{20*2} = \boldsymbol{3{,}625mm}$

c. $\boxed{v_{R\,max} = \frac{L_W}{50}}$ **F33** $v_{R\,max} = \frac{145mm}{50} = \boldsymbol{2{,}9mm}$

Da $v_R > v_{R\,max}$, ist die Herstellung nicht möglich.

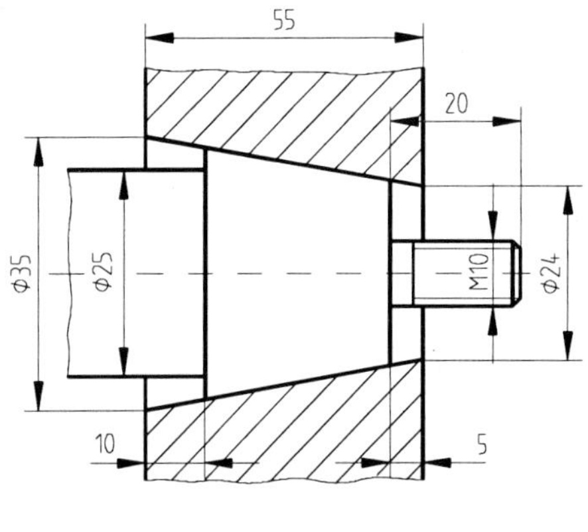

Aufgabe

Von einer Kegelwellen- / Flanschverbindung sind nebenstehende Maße laut Skizze bekannt.

a. Berechnen Sie die Kegelverjüngung.

b. Bestimmen Sie die beiden Durchmesser der Kegelwelle.

c. Wie groß ist der Einstellwinkel α/2 ?

a. $\boxed{C = \frac{D-d}{L}}$ **F33**

$$C = \frac{35mm - 24mm}{55mm} = \frac{11}{55} = \boldsymbol{1{:}5}$$

b. $\boxed{C = \frac{D-d}{L}}$ **F33** $d = D - C*L$

$d = 35mm - 10mm*\frac{1}{5} = \boldsymbol{33mm}$ Durchmesser am großen Kegelwellenende zu b. Am kleineren Kegelende ergibt sich auf 5mm Länge bei einem Kegelverhältnis von 1:5 eine Durchmesserdifferenz von 1mm.

$D = 24mm + 1mm = \mathbf{25mm}$ Kleiner Durchmesser an der Kegelwelle

c. $\boxed{\tan\frac{\alpha}{2} = \frac{C}{2}}$ **F33**

$$\tan\frac{\alpha}{2} = \frac{\frac{1}{5}}{2} = \frac{1}{10} = \mathbf{0,1}$$

$$\frac{\alpha}{2} = \arctan 0,1 = \mathbf{5,7°} = \mathbf{5°42'}$$

Aufgabe

Ein Kegeldorn weist eine Kegelverjüngung von C = 1:7,5 auf. Für die Einbaulage ist das Maß a von Bedeutung.

a. Berechnen Sie den Einstellwinkel $\alpha/2$.

b. Wie groß ist das Abstandsmaß a ?

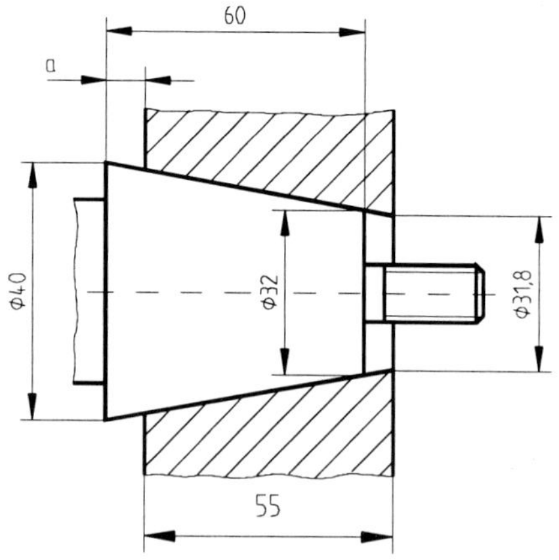

a. $\boxed{\tan\frac{\alpha}{2} = \frac{C}{2}}$ **F33**

$$\tan\frac{\alpha}{2} = \frac{\frac{1}{7,5}}{2} = \frac{1}{15} = \mathbf{0,06667}$$

$$\frac{\alpha}{2} = \arctan 0,06667 = \mathbf{3,8°} = \mathbf{3°48'}$$

b. großer Plattendurchmesser D:

$\boxed{C = \frac{D-d}{L}}$ **F33**

$$D = C * L + d$$

$$D = \frac{1}{7,5} * 55mm + 31,8mm = \mathbf{39,13mm}$$

überstehende Kegellänge L = a:

$\boxed{C = \frac{D-d}{L}}$ **F33**

$$a = \frac{D-d}{C}$$ setze $L = a$

$$a = \frac{40mm - 39,13mm}{\frac{1}{7,5}} = \mathbf{6,5mm}$$

2.1.2 *Schnittkräfte, Schnittleistung, Wirkungsgrad, Mechanische Arbeit*

Aufgabe (Drehen)
Auf einer Drehmaschine wird ein Werkstück aus E335 (St60-2) durch Längs-Rund-Drehen bearbeitet. Der HM-Drehmeißel wird mit einem Einstellwinkel χ_r = 60° eingespannt. Die Werkzeugschneide weist einen Spanwinkel von γ_0 = 4° und einen Neigungswinkel λ_s = -3° auf. Der Vorschub ist f = 0,4mm und die Zustellung a_p = 3mm.
a. Berechnen Sie die Schnittkraft F_c.
b. Wie groß ist die Schnittleistung - $P_c = P_{ab}$ - und die dem elektrischen Netz entnommene Leistung P_{zu} bei einem Maschinenwirkungsgrad von 75%.

a. Zerspanungsgruppe 2 **F30** — Werkstoff E335 (St60-2)

$a_p = 3mm$ $\quad f = 0{,}4mm$ — **F31**

$v_c = 350\frac{m}{min}$

$\boxed{A = f * a_p}$ **F28** $\quad A = 0{,}4mm * 3mm = \mathbf{1{,}2mm^2}$

$\boxed{h = f * \sin\chi_r}$ **F28** $\quad h = 0{,}4mm * \sin 60° = \mathbf{0{,}346mm}$

$k_c = 2350\frac{N}{mm^2}$ **F29** laut Tabelle bei interpolierter Spandicke h

$m_c = 0{,}17; \quad k_{c1.1} = 1940\frac{n}{mm^2}$ **F29** zur Berechnung von k_c

$\boxed{k_c = \frac{k_{c1.1}}{h^{m_c}}}$ **F28** $\quad k_c = \frac{1940\frac{N}{mm^2}}{0{,}346^{0{,}17}} = \mathbf{2323\frac{N}{mm^2}}$

Korrekturfaktorenermittlung

$\boxed{c_1 = \frac{109 - 1{,}5 * \gamma_0}{100}}$ **F29** $\quad c_1 = \frac{109 - 1{,}5 * 4°}{100} = \mathbf{1{,}03}$

$\boxed{c_2 = \frac{94 - 1{,}5 * \lambda_s}{100}}$ **F29** $\quad c_2 = \frac{94 + 1{,}5 * 3°}{100} = \mathbf{0{,}985}$

Alle übrigen Korrekturwerte werden als 1 gesetzt, da keine Angaben vorhanden sind.

$\boxed{k_c = k_{c_{unkorrigiert}} * c_1 * c_2}$ **F28** $\quad k_c = 2323\frac{N}{mm^2} * 1{,}03 * 0{,}985 = \mathbf{2357\frac{N}{mm^2}}$

$\boxed{F_c = A * k_c}$ **F28** $\quad F_c = 1{,}2mm^2 * 2357\frac{N}{mm^2} = \mathbf{2828N}$

b. $\boxed{P_c = F_c * v_c}$ **F28** $\quad P_c = 2828N * 350\frac{m}{min} = 989800\frac{Nm}{min}$

$$P_c = \frac{989800Nm}{60s} = \mathbf{16496W} = \mathbf{16{,}495kW}$$

$\boxed{P_{zu} = \frac{P_{ab}}{\eta} = \frac{P_c}{\eta}}$ **G25/F28** $\quad P_{zu} = \frac{16{,}5kW}{0{,}75} = \mathbf{22kW}$

Aufgabe (Bohren)
Auf einer Bohrmaschine wird mit einem HSS-Bohrer ø 12mm ein Werkstück aus 41Cr4 mit einer Wasseremulsion gebohrt.
a. Wie groß ist die auftretende Schnittkraft und das Schnittmoment ?
b. Welche Leistung wird dem elektrischen Netz bei einem Wirkungsgrad von 84% entnommen ?

a. Zerspanungsgruppe 5, **F30** — Werkstoff 41Cr4

$f = 0{,}1mm$ $\quad v_c = 10\frac{m}{min}$ — **F36**

$m_c = 0{,}23; \quad k_{c1.1} = 1690\frac{N}{mm^2}$ **F29**

(Abgelesener k_c-Wert ist bei h=0,05mm nur abschätzbar.)

zu a. $A = \frac{f}{2} * \frac{d}{2}$ **F35**

$A = 0{,}05mm*6mm = \mathbf{0{,}3mm^2}$

$\cos(90° - \frac{\sigma}{2}) = \frac{h}{\frac{f}{2}}$ **F28/F35** $h = \frac{f}{2} * \cos(90° - \frac{\sigma}{2})$

$h = \frac{0{,}1mm}{2} * \cos(90° - \frac{130°}{2}) = \mathbf{0{,}0453mm}$ Für Stahlwerkstoffe: Bohrertyp N mit $\sigma = 130°$

$k_c = \frac{k_{c1.1}}{h^{m_c}}$ **F28**

$k_c = \frac{1690 \frac{N}{mm^2}}{0{,}0453^{0{,}23}} = \mathbf{3443 \frac{N}{mm^2}}$ unkorrigiert

Korrekturwertbestimmung

$c_1 = \frac{109 - 1{,}5*\gamma_0}{100}$ **F29** Spanwinkel bei Bohrern, Typ N: $\gamma_f = 16°...30°$

$c_1 = \frac{109 - 1{,}5*23°}{100} = \mathbf{0{,}745}$ gewählter Mittelwert $\gamma_f = 23°$

$c_2 = 1$ da keine Angabe

$c_3 = 1$ Bohren ins Volle mit HSS

$c_4 = 0{,}9$ bei Schmierung

$k_c = k_{c_{unkorrigiert}} * c_1 * c_4$ **F28**

$k_c = 3443 \frac{N}{mm^2} * 0{,}745 * 0{,}9 \approx \mathbf{2308 \frac{N}{mm^2}}$

$F_{c_z} = A * k_c$ **F35**

$F_{c_z} = 0{,}3mm^2 * 2308 \frac{N}{mm^2} = \mathbf{692N}$

$F_c = 2 * F_{c_z}$

$F_c = 2*692N = \mathbf{1384N}$

$M = \frac{F_c}{2} * \frac{d}{2}$ **F35**

$M = \frac{1384N}{2} * \frac{12mm}{2} = \mathbf{4152Nmm = 4{,}15Nm}$

b. $P_c = \frac{F_c}{2} * v_c$ **F35**

$P_c = \frac{1384N}{2} * 10 \frac{m}{min} = 6920 \frac{Nm}{min} = \mathbf{115{,}3 \frac{Nm}{s} = 115{,}3W}$

$P_{zu} = \frac{P_{ab}}{\eta}$ **G25/F35** $P_{zu} = \frac{P_c}{\eta}$

$P_{zu} = \frac{115{,}3W}{0{,}84} = \mathbf{137{,}3W}$

2.2 Spanlose Bearbeitung

2.2.1 *Trennen durch Zerteilen: Schneiden*

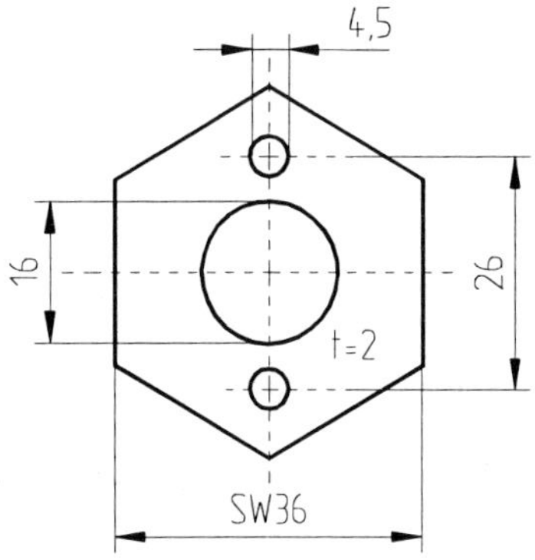

Aufgabe

Die dargestellte Platte aus S185 (St33) wird im Folgeschnitt gefertigt. In der ersten Folge werden die beiden Bohrungen ø 4,5mm geschnitten, im 2. Schnitt die Bohrung ø 16mm und im 3. Schnitt erfolgt das Ausschneiden.

a. Berechnen Sie die Gesamtschnittkraft F_{ges}.

b. Wie groß ist der Streifenvorschub f ?

c. Bestimmen Sie die Lage des Einspannzapfen, um ein Kippen auszuschließen. Geben Sie dazu den Abstand x_0 laut Skizze an.

a. $F_{ges} = F_1 + F_2 + F_3$

$\tau_{aB} = \frac{F}{A}$ **G32/F18** $F = \tau_{aB} * A = \tau_{aB} * l * s$

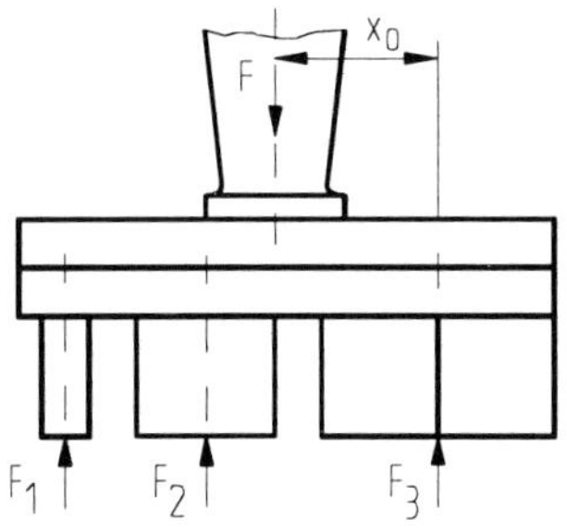

Berechnung der Umfänge

$l_1 = 2*\pi*d$ **G15** zwei Bohrungsstempel

$l_1 = 2*\pi*4{,}5mm = \mathbf{28{,}28mm}$

$l_2 = d*\pi$ **G15** zentrale Bohrung

$l_2 = 16mm*\pi = \mathbf{50{,}27mm}$

$l_3 = 6*\frac{e_3}{2}$ **M8** $l_3 = 6*\frac{39{,}98mm}{2} = \mathbf{119{,}94mm}$

Aus der Schlüsselweite SW 36 ist das Eckenmaß $e_3 = 39{,}98mm$ ermittelbar.

oder $l_3 = 6*l$ **G14** $l = D*\sin\frac{180°}{n}$ $D = e_3$

$\tau_{aB} = 400\frac{N}{mm^2}$ **F19** Scherfestigkeit für Werkstoff S185 (St33) als Tabellenwert

oder $\tau_{aB} = 0{,}8*R_m$ **F18** bei Berechnung: $R_m = 310...540N/mm^2$ **W6** für S185 (St33)

$\tau_{aB} = 0{,}8*540\frac{N}{mm^2} = \mathbf{432\frac{N}{mm^2}}$ größtes R_m für sicheres Ausschneiden

$F_{ges} = l_1*s*\tau_{aB} + l_2*s*\tau_{aB} + l_3*s*\tau_{aB}$ $F_{ges} = s*\tau_{aB}*(l_1 + l_2 + l_3)$

$$F_{ges} = 2mm*432\frac{N}{mm2}*(28{,}28mm + 50{,}27mm + 119{,}94mm) = \mathbf{171495N} = \mathbf{171{,}5kN}$$

b. $f = \frac{SW}{2} + e + \frac{SW}{2}$ **F18** Stegbreite $e = 1{,}7mm$

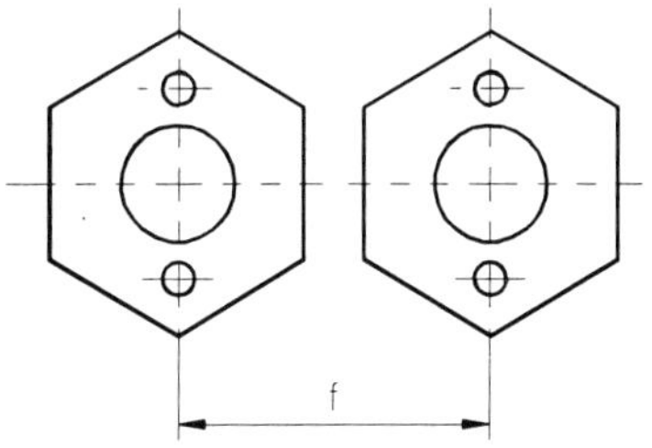

$f = \frac{36mm}{2} + 1{,}7mm + \frac{36mm}{2} = \mathbf{37{,}7mm}$

c. $x = \frac{U_1*a_1 + U_2*a_2 + U_3*a_3}{U_1 + U_2 + U_3}$ **F20**

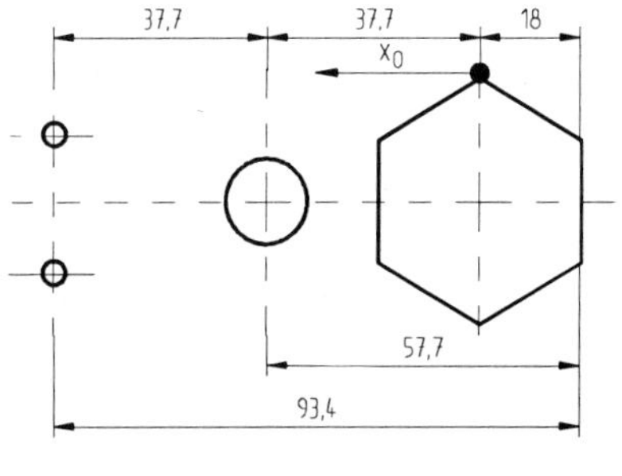

$$x = \frac{l_1*a_1 + l_2*a_2 + l_3*a_3}{l_1 + l_2 + l_3}$$

$$x = \frac{28{,}28mm*93{,}4mm + 50{,}27mm*55{,}7mm + 119{,}94mm*18mm}{28{,}28mm + 50{,}27mm + 119{,}94mm}$$

$x = \mathbf{38{,}29mm}$

Bezug für x_0 ist die Mittellinie des 6kant-Schneidstempels.

$x_0 = 38{,}29mm - 18mm = \mathbf{20{,}29mm}$

2.2.3 *Tiefziehen*

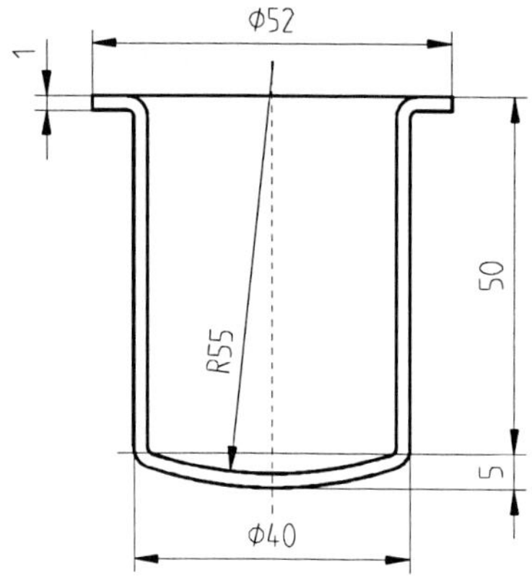

Aufgabe

Es sollen Formteile aus CuZn40, geglüht, nach nebenstehender Zeichnung durch Tiefziehen hergestellt werden.

a. Berechnen Sie den Rondenausgangsdurchmesser.

b. Überprüfen Sie, ob das Werkstück in einem Arbeitsgang gefertigt werden kann.

c. Berechnen Sie die Größe der Tiefzieh- und der Bodenreißkraft, wenn beim Erstzug auf d_1 = 60mm Durchmesser gezogen wird. Die Bodenreißkraft muß dabei größer als die Zugkraft sein, sonst ist das angestrebte Ziehverhältnis nicht möglich.

d. Wie groß ist das Ziehverhältnis für den ersten Weiterzug, der das fertige Werkstück erzeugen soll ? Das im Tabellenbuch angegebene Verhältnis gilt für einen Weiterschlag ohne Zwischenglühen.

e. Ist ein Zwischenglühen erforderlich ?

f. Überprüfen Sie, ob die Pressung am Niederhalter für das Anschlagzugwerkzeug die empfohlene Pressung nicht übersteigt.

a. $\boxed{D = \sqrt{d_1^2 + 4*h_1^2 + 4*d_1*h_2 + (d_2^2 - d_1^2)}}$ **F17** $d_1 = 40mm,\ d_2 = 52mm,\ h_1 = 5mm,\ h_2 = 50mm$

$$D = \sqrt{40^2 + 4*5^2 + 4*40*50 + (52^2 - 40^2)}mm = \mathbf{103{,}94mm \approx 104mm}$$

b. $\boxed{\beta = \frac{D}{d}}$ **F16** $\beta = \frac{104mm}{40mm} = \mathbf{2{,}6}$

$\beta_{0\,max} = 2{,}1$ **F16** Da $\beta > \beta_{0\,max}$ ist, wird mehr als ein Zug benötigt.

c. $\boxed{F_z = \pi*(d_1 + s)*s*R_m*1{,}2*\frac{\beta_0 - 1}{\beta_{0\,max} - 1}}$ **F15**

$R_m = 350\frac{N}{mm^2}$ **W35** für CuZN40, niedrigstes R_m bei weichen Werkstoffen wählen

$\beta_{0\,max} = 2{,}1$ **F16**

$\boxed{\beta_0 = \frac{D}{d_1}}$ **F16** $\beta_0 = \frac{104mm}{60mm} = \mathbf{1{,}73}$

$$F_z = \pi*(60mm + 1mm)*1mm*350\frac{N}{mm^2}*1{,}2*\frac{1{,}73 - 1}{2{,}1 - 1} = \mathbf{53414N}$$

$\boxed{F_B = \pi*d_1*s*R_m}$ **F16** $F_B = \pi*60mm*1mm*350\frac{N}{mm^2} = \mathbf{65973N}$

$F_z < F_B$ Ziehverhältnis möglich

d. $\boxed{\beta_1 = \frac{D}{d}}$ **F16** $\beta_{1\,erforderlich} = \frac{60mm}{40mm} = \mathbf{1{,}5}$

e. $\beta_{1\,möglich} = 1{,}4$ **F16** $\beta_{1\,erforderlich} > \beta_{1\,möglich} \Rightarrow$ Zwischenglühen erforderlich

f. $\boxed{p_N = \frac{R_m}{400}*[(\beta - 1)^2 + \frac{d_1}{200*s}]}$ **F16**

$$p_{N\,erforderlich} = \frac{350\frac{N}{mm^2}}{400}*[(1{,}73 - 1)^2 + \frac{60mm}{200*1mm}] = \mathbf{0{,}73\frac{N}{mm^2}}$$

$p_{N\,möglich} = 2\frac{N}{mm^2}$ **F16** Da $p_{N_{erforderlich}} < p_{N_{möglich}}$ ist, ist Niederhalterpressung möglich.

2.3.3 *Schmieden, Walzen*

Aufgabe (Schmieden)
Aus einem Stahlrohling, Rohlingsdurchmesser d_R = 80mm, soll mittels Gesenkschmieden eine Druckwalze gefertigt werden. Durch den Schmiedevorgang werden die Lagerzapfen der Druckwalze erzeugt, wobei der Walzendurchmesser d_W = d_R bleibt. Die Lagerzapfen erhalten folgende Abmessungen: Lagerzapfendurchmesser d_Z = 45mm, Länge der Lagerzapfen l_Z = 75mm. Die Gesamtlänge der Druckwalze beträgt L = 630mm. Bestimmen Sie die Rohteillänge l_R.

$\boxed{V_R = V_W}$ **G19**

$\boxed{V_R = A_R * l_R}$ **G16/G19** $\boxed{V_W = A_W * l_W + 2 * A_Z * l_Z}$

$$A_R * l_R = A_W * l_W + 2 * A_Z * l_Z$$

$$l_R = \frac{A_W * l_W + 2 * A_Z * l_Z}{A_R}$$

$\boxed{l_W = L - 2 * l_Z}$ $l_W = 630mm - 2*75mm = \mathbf{480mm}$

$\boxed{A_W = \frac{d_W^2 * \pi}{4}}$ $A_W = \frac{80^2 mm^2 * \pi}{4} = \mathbf{5026{,}55mm^2}$

$\boxed{A_Z = \frac{d_Z^2 * \pi}{4}}$ $A_Z = \frac{45^2 mm^2 * \pi}{4} = \mathbf{1590{,}43mm^2}$

$$l_R = \frac{5026{,}55mm^2 * 480mm + 2 * 1590{,}43mm^2 * 75mm}{5026{,}55mm^2} = \mathbf{527{,}46mm}$$

Aufgabe (Walzen)
Eine Rohbramme aus Stahl mit den Abmessungen 6000x1500x250mm durchläuft die Fertigungsstraße eines Walzwerkes. Aus dem Rohteil entsteht Blech nach DIN 1623 als Bandware, welche im Anschluß auf Haspeln gewickelt wird. Von dem gewalzten Blech sind die Breite b = 2000mm und die Dicke s = 1mm bekannt.
a. Bestimmen Sie die erzeugte Blechlänge.
b. Wieviele Haspeln, m_{Haspel} = 25kg, mit Bandware erhält man, wenn eine Haspel mit Blech 275kg wiegt ?

a. $\boxed{V = l * b * h}$ **G16** $V_{Bramme} = V_{Blech}$

$$l_{Br} * b_{Br} * h_{Br} = l_{Bl} * b_{Bl} * h_{Bl}$$

$$l_{Bl} = \frac{l_{Br} * b_{Br} * h_{Br}}{b_{Bl} * h_{Bl}}$$

$$l_{Bl} = \frac{6000mm * 1500mm * 250mm}{2000mm * 1mm} = \mathbf{1125m}$$

b. $\boxed{m = \rho * V}$ **G19** $\rho_{Stahl} = 7{,}85 \frac{kg}{dm^3}$ **W4**

$$m_{Br} = \rho_{Stahl} * V_{Br}$$

$$m_{Br} = 7{,}85 \frac{kg}{dm^3} * 60dm * 15dm * 2{,}5dm = \mathbf{17662{,}5kg}$$

$$\boxed{n_{Haspel} = \frac{m_{Bramme}}{\frac{m_{Blech} - m_{Haspel}}{1\ Haspel}}}$$

$$n_{Haspel} = \frac{17662{,}5kg}{\frac{275kg - 25kg}{1\ Haspel}} \approx \mathbf{70\ Haspeln}$$

2.3.4 *Schweißen, Brennschneiden*

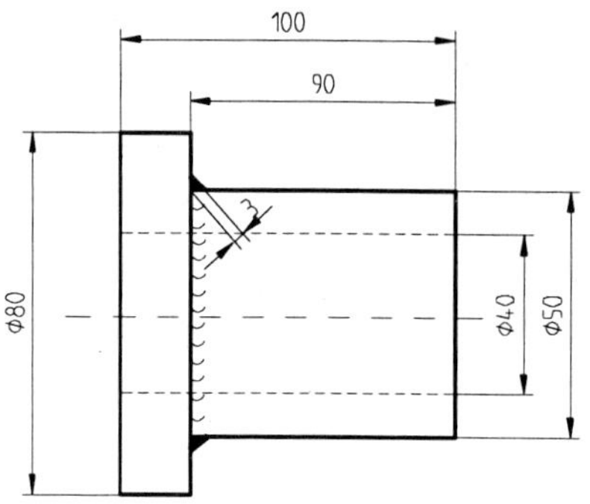

Aufgabe (Schweißen, Gasverbrauch)
Ein Rohrstück wird auf eine Grundplatte geschweißt. Es werden 40 Werkstücke gefertigt. Das Verschweißen erfolgt mit einer durchgehenden Rundkehlnaht. Der Druck der Sauerstofflasche beträgt zu Beginn p = 126bar.
a. Welche Schweißzeit wird benötigt ?
b. Wie groß ist der Sauerstoffverbrauch ?
c. Welchen Druck zeigt das Manometer nach dem Arbeitsende bei einem Fülldruck von 200bar und einem Wasservolumen von 40 l an ?

a. $\boxed{l_1 = d * \pi}$ **G15** Nahtlänge pro Werkstück

$l_1 = 50mm * \pi = \boldsymbol{157mm}$

$\boxed{L = n * l_1}$ Nahtlänge aller Werkstücke

$L = 40 * 157mm = \boldsymbol{6283{,}2mm}$

$v_s = 50\frac{mm}{min}$ **F43** Schweißgeschwindigkeit bei Blechdicke <6mm

$\boxed{t = \frac{L}{v_s}}$ **G20** $t = \frac{6284mm*}{50\frac{mm}{min}} = \boldsymbol{125{,}7min}$

b. $Q_m = 165\frac{l}{m}$ **F43** Gasverbrauch bei Blechdicke <6mm

$\boxed{Q = Q_m * L}$ $Q = 165\frac{l}{m} * 6{,}284m = \boldsymbol{1036{,}86\ l}$

c. $\boxed{\Delta V = \frac{V_W * (p_{e1} - p_{e2})}{p_{amb}}}$ **F43** $p_{e2} = p_{e1} - \frac{p_{amb} * \Delta V}{V_W}$

$p_{e2} = 126bar - \frac{1bar * 1036{,}86\ l}{40\ l} \approx \boldsymbol{100bar}$

Aufgabe (Brennschneiden, Gasverbrauch)
Aus einer Stahlplatte mit 6mm Dicke werden 10 Ronden mit einem Durchmesser von 800mm durch Brennschneiden herausgetrennt. Die Sauerstoffflasche weist zu Arbeitsbeginn einen Druck von 84bar auf. Der Fülldruck der Flasche beträgt 200bar, das Wasservolumen 40l.
a. Wie groß ist die benötigte Schweißzeit ?
b. Berechnen Sie den Gasverbrauch für das Heraustrennen der 10 Ronden.
c. Welchen Druck zeigt das Manometer nach dem Arbeitsende an ?

a. $Q_{min} = 59\frac{l}{min}$ **F21** Sauerstoffverbrauch

$v_{Br} = 600\frac{mm}{min}$ **F21** Schneidgeschwindigkeit bei Blechdicke 6mm

$\boxed{L = n * d * \pi}$ $L = 10 * 800mm * \pi = \boldsymbol{25140mm}$

$\boxed{t = \frac{L}{v_{Br}}}$ **G20** $t = \frac{25140mm}{600\frac{mm}{min}} = \boldsymbol{41{,}9min}$

b. $\boxed{Q = Q_{min} * t}$ $Q = 59\frac{l}{min} * 41{,}9\,min = \boldsymbol{2472{,}1\ l}$

c. $\boxed{\Delta V = \frac{V_W * (p_{el} - p_{e2})}{p_{amb}}}$ **F43** $p_{e2} = p_{el} - \frac{p_{amb} * \Delta V}{V_W}$

$p_{e2} = 84bar - \frac{1bar * 2472{,}1\ l}{40\ l} = \boldsymbol{22{,}2bar}$

2.4 Kalkulation

2.4.1 *Betriebsmittelhauptnutzungszeit*

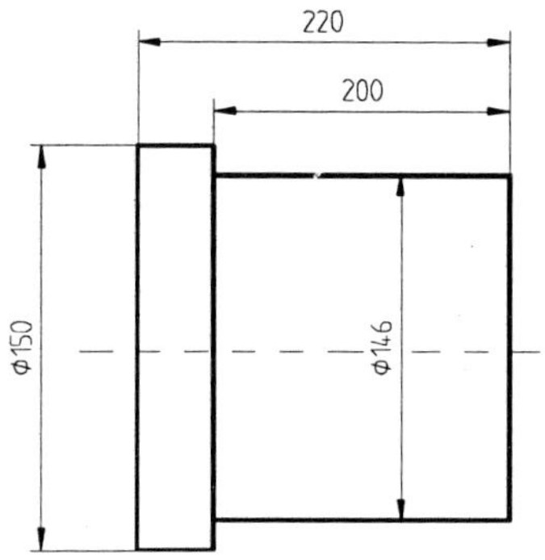

Aufgabe (Drehen)
Ein Werkstück wird längs in 3 Schnitten, 2 Schruppschnitte mit a_p = 1,9mm, f = 1,2mm und 1 Schlichtschnitt mit a_p = 0,2mm, f = 0,05mm überdreht. Der Rohteildurchmesser beträgt 150mm und das Endmaß 146mm.
Schnittgeschwindigkeiten: Schruppen v_c = 80m/min, Schlichten v_c = 210m/min.
Umdrehungsfrequenzen der Maschine: 45-112-180-280-450-710min^{-1}
a. Bestimmen Sie die zu wählenden Umdrehungsfrequenzen.
b. Wie groß sind die Betriebsmittelhauptnutzungszeiten ?

a. $\boxed{v_c = d*\pi*n}$ **G20** $n_1 = \frac{v_c}{d*\pi}$ Schruppen

$$n_1 = \frac{80\frac{m}{min}*1000\frac{mm}{m}}{150mm*\pi} = \mathbf{169{,}7\frac{1}{min}}$$ gewählt: $n = 180\,min^{-1}$

Wahl der nächstgelegenen Umdrehungsfrequenz, um eine kürzere Fertigungszeit zu erzielen ⇒ wirtschaftlicher. Eine geringfügig kleinere Werkzeugstandzeit wird in Kauf genommen.

$\boxed{v_c = d*\pi*n}$ **G20** $n_2 = \frac{v_c}{d*\pi}$ Schlichten

$$n_2 = \frac{210\frac{m}{min}*1000\frac{mm}{m}}{146mm*\pi} = \mathbf{457{,}84\frac{1}{min}}$$ gewählt: $n = 450\,min^{-1}$

b. $\boxed{L = l_a + l_w}$ **F7** $L = 2mm + 200mm = \mathbf{202mm}$

$\boxed{t_{h1} = \frac{L*i}{f*n}}$ **F7** $t_{h1} = \frac{202mm*2}{1{,}2mm*180\,min^{-1}} = \mathbf{1{,}87min}$

$\boxed{t_{h_2} = \frac{L*i}{f*n}}$ **F7** $t_{h2} = \frac{202mm*1}{0{,}05mm*450\,min^{-1}} = \mathbf{8{,}97min}$

$\boxed{t_h = t_{h_1} + t_{h_2}}$ $t_h = 1{,}87\,min + 8{,}97\,min = \mathbf{10{,}84min}$

Aufgabe (Bohren)
In einen Flansch aus GS-52 werden mit einem HSS-Bohrer 6 Durchgangsbohrungen ø 8,5mm gebohrt. Die Flanschdicke beträgt 10mm. Die Bohrmaschine hat eine stufenlose Umdrehungsfrequenzverstellung und schaltbare Vorschübe von 0,1 - 0,15 - 0,2 - 0,3mm.
a. Bestimmen Sie die Schnittgeschwindigkeit v_c und den Vorschub f.
b. Wie groß ist die Betriebsmittelhauptnutzungszeit ?

a. Zerspanungsgruppe 4 **F30** Werkstoff GS-52

$v_c = 16...20\frac{m}{min}$ **F36** gewählt: $v_c = 16\frac{m}{min}$

$f = 0{,}1mm$ **F36** Vorschubrichtreihe 06

b. $\boxed{l_s = 0{,}2*d}$ **F6** Bohren in Stahl, Typ N, $\sigma = 130°$

$l_s = 0{,}2*8{,}5mm = \mathbf{1{,}7mm \approx 2mm}$

$\boxed{L = l_w + l_s + l_a + l_ü}$ **F6** $l_a = l_ü = 2mm$

$L = 10mm + 2mm + 2mm + 2mm = \mathbf{16mm}$

$\boxed{t_h = \frac{d*\pi*L*i}{v_c*f}}$ **F6**

$$t_h = \frac{8{,}5mm*\pi*16mm*6}{16\frac{m}{min}*1000\frac{mm}{m}*0{,}1mm} = \mathbf{1{,}7min}$$

Aufgabe (Gewindedrehen)
An einer Welle aus E335 (St60-2) soll ein Gewindezapfen angedreht werden. Als Schneidstoff kommt HM-P20 bei einer Umdrehungsfrequenzreihe R20/3 zur Anwendung. Gesucht ist die Betriebsmittelhauptnutzungszeit.

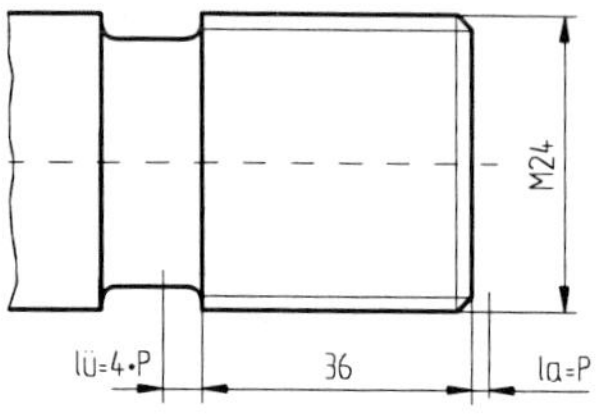

Zerspanungsgruppe 2 **F30** — Werkstoff E335 (St60-2)

$f = P = 3mm$ **F34**

$v_c = 90...120\frac{m}{min}$ **F34** — gewählt: $v_c = 120\frac{m}{min}$

$\boxed{v_c = d*\pi*n}$ **G20** — $n = \frac{v_c}{d*\pi}$

$n = \frac{120\frac{m}{min}*1000\frac{mm}{m}}{24mm*\pi} = \mathbf{1592\frac{1}{min}}$ — gewählt: $n = 1400\,min^{-1}$ **F11**

$\boxed{L = l_a + l_w + l_ü}$ **F7** — Gewindetiefe: $h_3 = 1,84mm$ **M2**

Schnittaufteilung: 1,4mm - 0,4mm - 0,04mm - 0mm - 0mm (2 Leerschnitte zur Flankenglättung links und rechts). Damit ergibt sich $i = 5$.

$l_a = P = 3mm$ **F7** — $l_ü = 4*P = 12mm$ wegen hoher Umdrehungsfrequenz

$L = 3mm + 36mm + 12mm = \mathbf{51mm}$

$\boxed{t_h = \frac{L*i*g}{P*n}}$ **F7** — $t_h = \frac{51mm*5*1}{3mm*1400\frac{1}{min}} = \mathbf{0,06min = 3,6s}$

Aufgabe (Fräsen)
Ein Werkstück aus C45 hat eine Länge von 350mm und eine Breite von 150mm. Das Umfangs-Planfräsen wird mit einem Walzenstirnfräser über der gesamten Oberfläche mit 2 Schruppschnitten durchgeführt. Die Zustellung beträgt jeweils 5mm bei einem HSS-Fräser mit 12 Zähnen, einem Durchmesser von 100mm und einer Fräserbreite von 160mm.

a. Bestimmen Sie die Zerspanungsdaten v_c, f, v_f, wobei die Umdrehungsfrequenzreihe R20/3 für die Arbeitsspindel zu benutzen ist.
b. Berechnen Sie die Betriebsmittelhauptnutzungszeit.

a. Zerspanungsgruppe 4 **F30** — Werkstoff C45

$f_z = 0,02...0,06mm$ **F38** — gewählt: $f_z = 0,06mm$

$v_c = 18...25\frac{m}{min}$ **F38** — gewählt: $v_c = 20\frac{m}{min}$

$\boxed{v_c = d*\pi*n}$ **G20** — $n = \frac{v_c}{d*\pi}$

$n = \frac{20\frac{m}{min}*1000\frac{mm}{m}}{100mm*\pi} = \mathbf{63,66\frac{1}{min}}$ — gewählt: $n = 63\,min^{-1}$ **F11**

$\boxed{f = f_z*n}$ **F8** — $f = 0,06mm*12 = \mathbf{0,72mm}$

$\boxed{v_f = f*n}$ **F8** — $v_f = 0,72mm*63\frac{1}{min} = \mathbf{45,36\frac{mm}{min}}$

b. $\boxed{L = l_a + l_w + l_ü + l_f}$ **F8** — $l_a = l_ü = 1,5mm \quad l_f = 21mm$ **F9** bei $a_e = 5mm$, $d = 100mm$

oder $\boxed{l_f = \sqrt{a_e*(d - a_e)}}$ **F8** — $l_f = \sqrt{5mm*(100mm - 5mm)} = \mathbf{21,79mm}$

$L = 1,5mm + 350mm + 1,5mm + 21mm = \mathbf{374mm}$ mit Tabellenwert von l_f gerechnet

$\boxed{t_h = \frac{L*i}{v_f}}$ **F8** — $t_h = \frac{374mm*2}{45,36\frac{mm}{min}} = \mathbf{16,5min}$

Aufgabe (Fräsen)
Ein Werkstück aus S235JR (St37-2) mit den Abmessungen 80x800mm wird durch Stirn-Planfräsen in einem Schrupp- und einem Schlichtschnitt bearbeitet. Der Fräser wird mittig angestellt und arbeitet in Längsrichtung. Die Zustellung für Schruppen beträgt 4mm und für Schlichten 0,2mm. Der Fräser ist mit HM-Schneiden bestückt. Der Fräskopfdurchmesser beträgt 160mm und die Zähnezahl 8.

a. Wählen Sie die entsprechenden Einstelldaten für v_c und f aus, wobei die Normumdrehungsfrequenzreihe R20/4-1400 vorgegeben ist.
b. Bestimmen Sie die Betriebsmittelhauptnutzungszeiten.

a. Zerspanungsgruppe 1,2 **F30** Werkstoff S235JR (St37-2)

$f_z = 0{,}4mm \quad v_c = 150\frac{m}{min}$ **F38** Schruppen

$f_z = 0{,}1mm \quad v_c = 260\frac{m}{min}$ **F38** Schlichten

$\boxed{v_c = d*\pi*n}$ **G20** $n = \frac{v_c}{d*\pi}$

$n = \frac{150\frac{m}{min}*1000\frac{mm}{m}}{160mm*\pi} = \mathbf{298{,}42\frac{1}{min}}$ gewählt: $n = 224\,min^{-1}$ **F11** Schruppen

$n = \frac{260\frac{m}{min}*1000\frac{mm}{m}}{160mm*\pi} = \mathbf{517{,}25\frac{1}{min}}$ gewählt: $n = 355\,min^{-1}$ **F11** Schlichten

$\boxed{f = f_z*n}$ **F8** $f = 0{,}4mm*8 = \mathbf{3{,}2mm}$ Schruppen

$f = 0{,}1mm*8 = \mathbf{0{,}8mm}$ Schlichten

b. $\boxed{L = l_a + l_w + l_ü + \frac{d}{2} - l_f}$ **F8** $l_a = l_ü = 1{,}5mm$ **F8**

$l_f = 69{,}3mm$ **F9** bei $a_e = 80mm, \quad d = 160mm$

$L = 1{,}5mm + 800mm + 1{,}5mm + 80mm - 69{,}3mm = \mathbf{813{,}7mm}$ Schruppen

$\boxed{L = l_a + l_w + l_ü + d}$ **F8** $l_a = l_ü = 1{,}5mm$ **F8**

$L = 1{,}5mm + 800mm + 1{,}5mm + 160mm = \mathbf{963mm}$ Schlichten

$\boxed{t_{h1} = \frac{L*i}{f*n}}$ **F8** $t_{h1} = \frac{813{,}7mm*1}{3{,}2mm*224\frac{1}{min}} = \mathbf{1{,}14min}$ Schruppen

$\boxed{t_{h2} = \frac{L*i}{f*n}}$ **F8** $t_{h2} = \frac{963mm*1}{0{,}8mm*355\frac{1}{min}} = \mathbf{3{,}39min}$ Schlichten

$\boxed{t_h = t_{h_1} + t_{h_2}}$ $t_h = 1{,}14\,min + 3{,}39\,min = \mathbf{4{,}53min}$

Aufgabe (Schleifen)
Eine gehärtete Welle aus 100Cr6 mit den Fertigmaßen ø 60x650mm wird durch Außenrund-Umfangs-Längsschleifen bearbeitet. Die Welle ist glatt und ohne Absatz. Die Schleifzugabe beträgt 0,05mm und pro Schleifvorgang wird a_e = 0,01mm zugestellt. Die Schleifscheibe hat nach mehrmaligem Abziehen einen Durchmesser von 420mm und eine Breite von 40mm.

a. Wie groß sind v_c, n_s, n_w ? Benutzen Sie für die Umdrehungsfrequenzauswahl die Normzahlreihe R20/3.
b. Berechnen Sie v_w und vergleichen Sie den Wert mit dem empfohlenen Richtwert.
c. Ermitteln Sie die Betriebsmittelhauptnutzungszeit.

a. $v_c = 25...35\frac{m}{s}$ **F40** gewählt: $v_c = 30\frac{m}{s}$ gehärteter Stahl aus 100Cr6

$\boxed{v_c = \pi*d_s*n_s}$ **F40** $n_s = \frac{30000\frac{mm}{s}*60\frac{s}{min}}{420mm*\pi} = \mathbf{1364\frac{1}{min}}$ gewählt: $n_s = 1400\,min^{-1}$

$q = 125$ **F40** Geschwindigkeitsverhältnis

zu a. $q = \frac{d_s * n_s}{d_w * n_w}$ **F40** $n_w = \frac{d_s * n_s}{d_w * q}$

$n_w = \frac{420mm*1400\,min^{-1}}{60mm*125} = \mathbf{78{,}4\frac{1}{min}}$ gewählt: $n_w = 90\frac{1}{min}$ **F11**

b. $v_w = d_w * \pi * n_w$ **F40** $v_w = \frac{60mm*\pi*90\frac{1}{min}}{1000\frac{mm}{m}} = \mathbf{16{,}91\frac{m}{min}}$

$v_w = 14...18\frac{m}{min}$ **F40** empfohlen für gehärteten Stahl $\Rightarrow$ v_w richtig

c. $i = \frac{d_0 - d_1}{2*a_e} + 8$ **F10** $i = \frac{0{,}05mm}{2*0{,}01mm} + 8 = \mathbf{10{,}5}$ gewählt: $i=11$

$L = l_w - \frac{b_s}{3}$ **F10** $L = 650mm - \frac{40mm}{3} = \mathbf{636{,}66mm}$

$f = 0{,}6...0{,}75*b_s$ **F40** $f = 0{,}6...0{,}75*40mm = \mathbf{24mm...30mm}$ gewählt: $f = 26mm$

$t_h = \frac{L*i}{f*n_w}$ **F10** $t_h = \frac{637mm*11}{26mm*90\frac{1}{min}} = \mathbf{2{,}99min}$

Aufgabe (Schleifen)

Ein Werkstück aus 13CrMo44 wird durch Plan-Längs-Umfangsschleifen bearbeitet. Werkstückabmessungen: Länge l_w = 460mm, Breite b = 100mm, Schleifscheibendurchmesser d_s = 390mm, Schleifscheibenbreite b_s = 30mm. Die Werkstückfläche ist ohne Absatz, das Schleifaufmaß t beträgt 0,05mm. Die Bearbeitung soll durch Schruppschleifen erfolgen.

a. Legen Sie die Zerspanungsdaten v_c, v_w, a_e, f fest. Anhand dieser Werte ist n_s und die Hubzahl n zu ermitteln. Die Umdrehungsfrequenz und Hubzahl sind stufenlos einstellbar.

b. Berechnen Sie die Betriebsmittelhauptnutzungszeit.

a. $v_c = 25...32\frac{m}{s}$ **F40** gewählt: $v_c = 28\frac{m}{s}$ für Stahl, 13CrMo44

$v_w = 10...35\frac{m}{min}$ **F40** gewählt: $v_w = 22\frac{m}{min}$ für Stahl, legiert

$n_s = \frac{v_c}{d_s*\pi}$ **F40** $n_s = \frac{28\frac{m}{s}*1000\frac{mm}{m}*60\frac{s}{min}}{360mm*\pi} = \mathbf{1485{,}45\frac{1}{min}} \approx \mathbf{1485\frac{1}{min}}$

$L = l_w + l_a + l_ü$ **F10** $l_a = l_ü = 10mm$ **F10**

$L = 460mm + 10mm + 10mm = \mathbf{480mm}$

$v_w = L*n$ **F10** $n = \frac{v_w}{L}$ $n = \frac{22\frac{m}{min}*1000\frac{mm}{m}}{480mm} = \mathbf{45{,}83\frac{1}{min}}$

$f = 0{,}6...0{,}75*b_s$ **F40** $f = 0{,}6...0{,}75*30mm = \mathbf{18mm...22{,}5mm}$ gewählt: $f = 20mm$

$a_e = 0{,}003...0{,}04mm$ **F40** für Stahl, Schruppen gewählt: $a_e = 0{,}015mm$

b. $B = b_w - \frac{1}{3}*b_s$ **F10** $B = 100mm - \frac{1}{3}*30mm = \mathbf{90mm}$

$i = \frac{t}{a_e}$ **F10** $i = \frac{0{,}05mm}{0{,}015mm} = \mathbf{3{,}3}$ gewählt: $i=4$

$t_h = \frac{L*B*i}{v_w*f}$ **F10** $t_h = \frac{480mm*90mm*4}{22\frac{m}{min}*1000\frac{mm}{m}*20mm} = \mathbf{0{,}39min \approx 24s}$

Seitenhinweise beziehen sich auf die 6. Auflage des Tabellenbuches HT 3291

2.4.2 *Arbeitszeitplanung*

Aufgabe
Auf einer Drehmaschine sind Bolzen zu fertigen. Die Losgröße beträgt 200 Stück. Die Maschinenhauptnutzungszeit beträgt t_h = 1,5min, die Betriebsmittelrüstzeit t_{rB} = 30min. Die Nebennutzungs- und Brachzeit betragen zusammen $t_n + t_b$ = 0,5min und die Verteilzeit t_{vB} = 0,2min. Gesucht ist die Belegzeit der Maschine.

$\boxed{t_{gB} = t_h + t_n + t_b}$ **F5** $t_{gB} = 1{,}5\,min + 0{,}5\,min = \mathbf{2{,}0min}$

$\boxed{t_{eB_l} = t_{gB} + t_{vB}}$ **F5** $t_{eB_l} = 2{,}0\,min + 0{,}2\,min = \mathbf{2{,}2min}$

$\boxed{t_{aB} = m * t_{eB_l}}$ **F5** $t_{aB} = 200 * 2{,}2\,min = \mathbf{440min}$

$\boxed{t_{bB} = t_{aB} + t_{rB}}$ **F5** $t_{bB} = 440\,min + 30\,min = \mathbf{470min} = \mathbf{7h\ 50min}$

Aufgabe
Auf einer Fräsmaschine werden 60 Spannstücke bearbeitet. Die Grundzeit beträgt dafür t_g = 8min. Als Erholzeit werden 5% und als Verteilzeit 15% der Grundzeit zugestanden. Für das Rüsten sind t_r = 20min vorgegeben. Bestimmen Sie die Auftragszeit.

$\boxed{t_{er} = \frac{z_{er}}{100} * t_g}$ **F3** $t_{er} = \frac{5\%}{100\%} * 8\,min = \mathbf{0{,}4min}$

$\boxed{t_v = \frac{z_v}{100} * t_g}$ **F3** $t_v = \frac{15\%}{100\%} * 8\,min = \mathbf{1{,}2min}$

$\boxed{t_{e_l} = t_{er} + t_v + t_g}$ **F4** $t_{e_l} = 0{,}4\,min + 1{,}2\,min + 8\,min = \mathbf{9{,}6min}$

$\boxed{t_{en} = n * t_{e_l}}$ **F4** $t_e = 1 * 9{,}6\,min = \mathbf{9{,}6min}$ eine Losgröße: $n = 1$

$\boxed{t_a = m * t_{en}}$ **F4** $t_a = 60 * 9{,}6\,min = \mathbf{576min}$

$\boxed{T = t_r + t_a}$ **F4** $T = 20\,min + 576\,min = \mathbf{596min} = \mathbf{9h\ 56min}$

2.4.3 *Fertigungskosten, Arbeitsplatzkosten*

Aufgabe
Mit einer Werkzeugmaschine sind m = 120 Werkstücke anzufertigen. Die Zeit pro Werkstück beträgt t_{e1} = 4,5min bei einer Losgröße. Die Rüstzeit beläuft sich auf 15min, die Lohnkosten sind LK = 24,40DM/h. Der Maschinenstundensatz beträgt MS = 80,40DM/h, der Restgemeinkostensatz RGK beläuft sich auf x = 180% der Lohnkosten.
a. Wie hoch sind die Arbeitsplatzkosten ?
b. Berechnen Sie die Fertigungskosten pro Werkstück ?

a. $\boxed{RGK = x * LK}$ **F2** $RGK = 1{,}8 * 24{,}40\frac{DM}{h} = \mathbf{39{,}92\frac{DM}{h}}$

$$\boxed{Arbeitsplatzkosten = Maschinenstundensatz + Lohnkosten\ pro\ Stunde + Restgemeinkosten}$$ **F3**

$$Arbeitsplatzkosten = 80{,}40\frac{DM}{h} + 24{,}40\frac{DM}{h} + 39{,}92\frac{DM}{h} = \mathbf{148{,}72\frac{DM}{h}}$$

b. $\boxed{t_a = m * t_e}$ **F4** $t_a = 120 * 4{,}5\,min = \mathbf{540min}$ nur eine Losgröße $t_e = t_{e_l}$

$\boxed{T = t_r + t_a}$ **F4** $T = 15\,min + 540\,min = \mathbf{555min}$

$$\boxed{Fertigungskosten\ je\ Stück = \frac{Auftragszeit\ T * Arbeitsplatzkosten}{erzeugte\ Menge}}$$ **F3**

$$Fertigungskosten\ je\ Stück = \frac{555\,min * \frac{1h}{60\,min} * 148{,}72\frac{DM}{h}}{120} = \mathbf{11{,}46\frac{DM}{Stück}}$$

Aufgabe (Maschinenstundensatz)
Der Wiederbeschaffungswert einer Maschine beträgt 125600.-DM, wobei eine Lebensdauer von 10 Jahren bis zur vollständigen Abschreibung angenommen wird. Der Anschaffungswert der Maschine beläuft sich auf 96000.-DM. Auf der Maschine wird voraussichtlich 1800h gearbeitet. Der elektrische Anschlußwert ist mit 11kW ausgewiesen. Für die Stromkosten sind 0,24DM/kWh zu entrichten. Der Platzbedarf der Maschine beträgt 12m². Die Raumkosten belaufen sich auf 5,20DM pro Monat und pro m². Für Wartungs- und Instandhaltungskosten sind 2,5% von den Anschaffungskosten zu veranschlagen. Für kalkulatorische Zinsen sind 6,25% anzusetzten. Der Arbeitslohn des Maschinenarbeiters beträgt 26,60DM/h und der Restgemeinkostensatz ist 140% der Lohnkosten.
a. Berechnen Sie den Maschinenstundensatz MS.
b. Wie groß sind die Arbeitsplatzkosten APK ?

a. $\boxed{KA = \frac{Wiederbesch.-Wert}{Abschreibungszeit}}$ **F3** $KA = \frac{125600DM}{10Jahre} = \mathbf{12560\frac{DM}{Jahr}}$

$\boxed{KZ = \frac{Wiederbesch.-Wert}{2} * \frac{Zinssatz}{100}}$ $KZ = \frac{125600DM}{2} * \frac{6{,}25\frac{\%}{Jahr}}{100\%} = \mathbf{392{,}5\frac{DM}{Jahr}}$

$\boxed{KR = Fläche * \frac{Raumkosten}{m^2 * Zeit} * Zeit}$ $KR = 12m^2 * 5{,}20\frac{DM}{m^2 * Monat} * 12\frac{Monat}{Jahr} = \mathbf{748{,}80\frac{DM}{Jahr}}$

$\boxed{KE = Anschlußwert * Strompreis * Zeit}$ $KE = 11kW * 0{,}24\frac{DM}{kWh} * 1800\frac{h}{Jahr} = \mathbf{4752\frac{DM}{Jahr}}$

$\boxed{KI = Anschaff.-Wert * Instand.-Satz}$ $KI = 96000DM * \frac{2{,}5\frac{\%}{Jahr}}{100\%} = \mathbf{2400\frac{DM}{Jahr}}$

$\boxed{Maschinenkosten = KA + KZ + KR + KE + KI}$ **F3**

$$Maschinenkosten = (12560 + 392{,}50 + 748{,}80 + 4752 + 2400)\frac{DM}{Jahr} = \mathbf{20853{,}30\frac{DM}{Jahr}}$$

$\boxed{MS^{1)} = \frac{Maschinenkosten}{Nutzungszeit}}$ **F3** $MS = \frac{20853{,}30\frac{DM}{Jahr}}{1800\frac{h}{Jahr}} = \mathbf{11{,}59\frac{DM}{h}}$

b. $\boxed{APK = MS^{1)} + LK + RGK^{2)}}$ **F3** $APK = 11{,}59\frac{DM}{h} + 26{,}60\frac{DM}{h} + \frac{140\%}{100\%} * 26{,}60\frac{DM}{h} = \mathbf{75{,}43\frac{DM}{h}}$

1) MS = Maschinenstundensatz 2) RGK = Restgemeinkosten

Aufgabe
In einer Werkstatt wird mit 2 Facharbeitern ein Auftrag abgewickelt. Die benötigte Arbeitszeit beträgt zusammen 2,5 Stunden. Die Facharbeiter erhalten unterschiedliche Stundenlöhne: Facharbeiter A FLK_1 = 22,40DM/h, Facharbeiter B FLK_2 = 20,80DM/h. Der Fertigungsgemeinkostensatz beträgt 420%. An Materialkosten fallen 276,80DM an. Der Materialgemeinkostensatz beträgt 70%. Für die Verwaltung werden 24% der Herstellkosten zugrunde gelegt. Weitere Kosten bleiben unberücksichtigt.
a. Wie groß sind die Herstellkosten ?
b. Bestimmen Sie die Selbstkosten.

a. $\boxed{MK = MEK + MGK}$ **F2** $MK = 276{,}80DM + \frac{70\%}{100\%} * 276{,}80DM = \mathbf{470{,}76DM}$

Fertigungslohnkostenberechnung

$\boxed{FLK = FLK_1 * t + FLK_2 * t}$ **F2** $FLK = 2{,}5h * (22{,}40\frac{DM}{h} + 20{,}80\frac{DM}{h}) = \mathbf{108DM}$

$\boxed{FK = FLK + FGK}$ **F2** $FK = 108DM + \frac{420\%}{100\%} * 108DM = \mathbf{561{,}60DM}$

$\boxed{HK = MK + FK}$ **F2** $HK = 470{,}76DM + 561{,}60DM = \mathbf{1032{,}16DM}$

b. $\boxed{SK = HK + VVGK}$ **F2** $SK = 1032{,}16DM + \frac{24\%}{100\%} * 1032{,}16DM = \mathbf{1279{,}88DM}$

3.1 Festigkeitsberechnung
Spannungen, Kräfte, Drehmomente, Querschnittsflächen, Sicherheit

3.1.1 *Zugbeanspruchung*

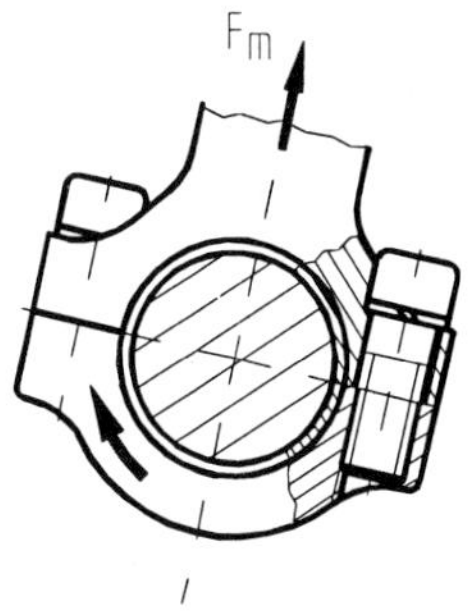

Aufgabe
Bei einem aufwärtsgehenden Kolben wirkt eine Beschleunigungskraft F_m = 6,4kN auf die Pleuelstange. Es ist ein geeignetes metrisches Gewinde mit der Festigkeitsklasse 6.8 zu bestimmen.

$R_m = 600\frac{N}{mm^2};\ R_e = 480\frac{N}{mm^2}$ **M9**

$\boxed{\sigma = \frac{F}{S_0}}$ **G32** $S_0 = \frac{F}{\sigma_{zul}}$ setze: $\sigma_{zul} = R_e$

$S_0 = \frac{3200N}{480\frac{N}{mm^2}} = \mathbf{6{,}67mm^2}$ $F = \frac{F_m}{2}$ $F = \frac{6{,}4kN}{2} = \mathbf{3{,}2kN}$ da zwei Schrauben

$\geq M4: A_S = \mathbf{8{,}73mm^2}$ **M2** bereits ausreichend

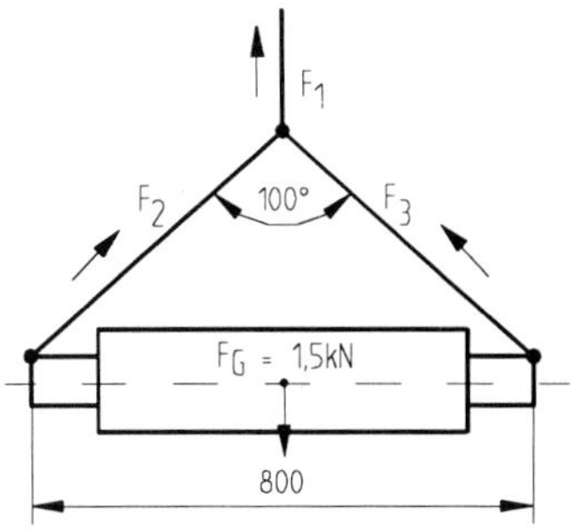

Aufgabe
Die abgebildete Welle wird mit zwei Ketten an einem Kranseil befestigt.

a. Welcher Drahtdurchmesser müßte gewählt werden, wenn das Stahlseil aus 6 Litzen mit je 5 Einzeldrähten besteht und als Drahtwerkstoff S235JR (St37-2) benutzt wird ? Es soll eine 6-fache Sicherheit gegen plastische Verformung gewährleistet werden.

b. Bestimmen Sie den Kettenglieddurchmesser, wenn die gleichen Bedingungen wie beim Kranseil angenommen werden.

a. $R_e = 235\frac{N}{mm^2}$ **W10** Werkstoff S235JR (St37-2)

$\boxed{\sigma_{zul} = \frac{R_e}{\nu}}$ **G33** $\sigma_{zul} = \frac{235\frac{N}{mm^2}}{6} = \mathbf{39{,}16\frac{N}{mm^2}}$

gesamter Seilquerschnitt:

$\boxed{\sigma = \frac{F}{S_0}}$ **G32** $S_0 = \frac{F}{\sigma_{zul}}$ $S_0 = \frac{1500N}{39{,}16\frac{N}{mm^2}} = \mathbf{38{,}3mm^2}$

$\boxed{S_0 = n*z*S_1}$ $S_1 = \frac{S_0}{n*z}$ $d_1 = \sqrt{\frac{4*S_0}{\pi*n*z}}$

$d_1 = \sqrt{\frac{4*38{,}3mm^2}{\pi*6*5}} = \sqrt{1{,}61mm^2} = \mathbf{1{,}27mm}$

b. $\boxed{\cos\alpha = \frac{\frac{F_1}{2}}{F_3}}$ **G5** $F_3 = \frac{\frac{F_1}{2}}{\cos\alpha}$ $F_3 = \frac{\frac{1500N}{2}}{\cos 50°} = \mathbf{1167N}$ $F_3 = F_2$

siehe auch Hilfsskizze und Lösung auf Seite 12, Aufgabe 1

$\boxed{\sigma = \frac{F}{S_0}}$ **G32** $S_0 = \frac{F}{\sigma_{zul}}$ $S_0 = \frac{1167N}{39{,}16\frac{N}{mm^2}} = \mathbf{29{,}8mm^2}$

für einen Querschnitt: $S_1 = \frac{S_0}{2} = \mathbf{14{,}9mm^2}$

$\boxed{d_1 = \sqrt{\frac{4*S_1}{\pi}}}$ **G15** $d_1 = \sqrt{\frac{4*14{,}9mm^2}{\pi}} = \sqrt{18{,}97mm^2} = \mathbf{4{,}35mm}$

gewählter Rundstahldurchmesser: $d_1 = 4{,}5mm$ **W21**

Aufgabe

Das Einschieben der Aluminiumschmelze erfolgt bei einer Spritzgußform mittels einer Kniehebelpresse. In der Ruhestellung hat die Hebelanordnung einen Winkel α = 22°30'. Die Zugkraft zum Einschieben der Schmelze beträgt F = 8kN.

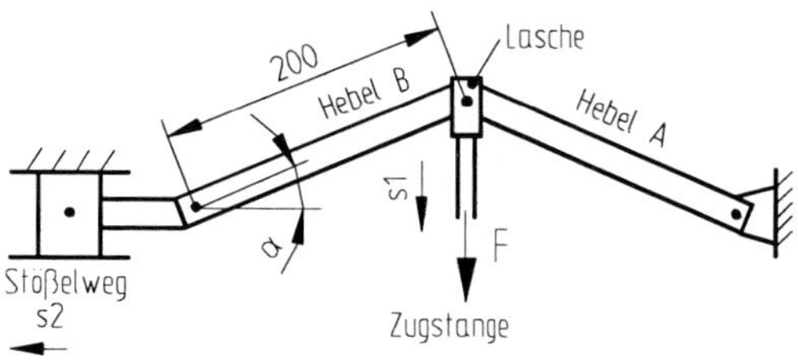

a. Bestimmen Sie den Zugweg s_1 der Zugstange und den Einschubweg s_2 des Stößels, wenn der Kniehebel in gestreckter Lage steht.

b. Berechnen Sie den erforderlichen Durchmesser der Zugstange, wenn als Werkstoff S235JR (St37-2) eingesetzt und 2,5-fache Sicherheit gegen plastische Verformung vorliegen soll.

a. $\boxed{\sin\alpha = \frac{s_1}{c}}$ **G5** $s_1 = c*\sin\alpha$ $s_1 = 200mm*\sin 22{,}5° = \mathbf{76{,}54mm}$

$\boxed{\cos\alpha = \frac{l}{c}}$ **G5** $l = c*\cos\alpha$ $l = 200mm*\cos 22{,}5° = \mathbf{184{,}77mm}$

$\boxed{s_2 = 2*(c-l)}$ $s_2 = 2*(200mm - 184{,}77mm) = \mathbf{30{,}46mm}$

b. $R_e = 235\frac{N}{mm^2}$ **W10** Werkstoff S235JR (St37-2)

$\boxed{\sigma_{zul} = \frac{R_e}{\nu}}$ **G33** $\sigma_{zul} = \frac{235\frac{N}{mm^2}}{2{,}5} = \mathbf{94\frac{N}{mm^2}}$

$\boxed{\sigma = \frac{F}{S_0} = \sigma_{zul}}$ **G32** $S_0 = \frac{F}{\sigma_{zul}}$ $\boxed{d = \sqrt{\frac{4*S_0}{\pi}}}$ **G15**

$\boxed{d = \sqrt{\frac{4*\frac{F}{\sigma_{zul}}}{\pi}}}$ $d = \sqrt{\frac{4*\frac{8000N}{94\frac{N}{mm^2}}}{\pi}} = \sqrt{108{,}33mm^2} = \mathbf{10{,}4mm}$

gewähltes Rundmaterial: *d=10mm* bei etwas geringerer Sicherheit

3.1.2 *Druckbeanspruchung*

Aufgabe

Die Schneidstempel eines Plattenführungswerkzeuges werden mit den Kräften F_1 = 10,5kN (Ausschneiden), F_2 = 4,8kN (Vierkant) und F_3 = 2,6kN (∅ 4) beansprucht.

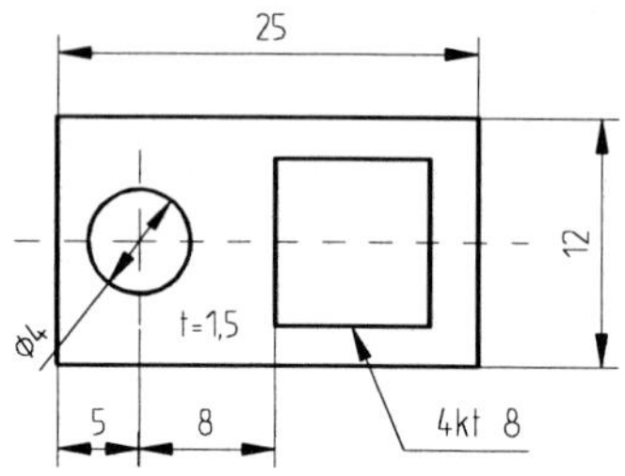

a. Bestimmen Sie für die Schneidstempel die auftretenden Druckspannungen.

b. Berechnen Sie die vorhandene Sicherheit gegen Bruch, wenn als Werkstoff X210Cr12 eingesetzt wird, dessen R_m = 1250N/mm² beträgt.

a. $\boxed{\sigma_d = \frac{F}{S_0}}$ **G32** $\sigma_{d\,vorh.} = \frac{10500N}{25mm*12mm} = \mathbf{35\frac{N}{mm^2}}$ Ausschneidestempel

$\boxed{\sigma_d = \frac{F}{S_0}}$ **G32** $\sigma_{d\,vorh.} = \frac{4800N}{8mm*8mm} = \mathbf{75\frac{N}{mm^2}}$ Quadratstempel

$\boxed{\sigma_d = \frac{F}{S_0}}$ **G32** $\sigma_{d\,vorh.} = \frac{2600N}{\frac{4^2mm^2*\pi}{4}} = \mathbf{206{,}9\frac{N}{mm^2}}$ Rundstempel

b. Aufgrund der höchsten Beanspruchung am Rundstempel erfolgt hieran die Festigkeitsprüfung.

$\boxed{\nu = \frac{R_m}{\sigma_{zul}}}$ Sicherheit gegen Bruch $\nu = \frac{1250\frac{N}{mm^2}}{206{,}9\frac{N}{mm^2}} = \mathbf{6{,}04}$

3.1.3 *Schub- und Abscherspannung*

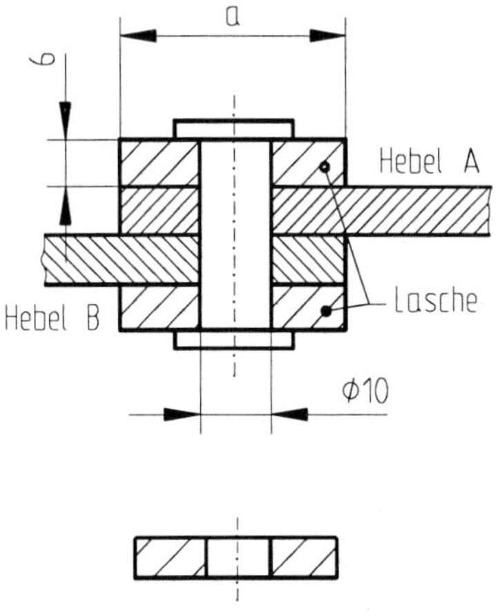

Aufgabe

Die beiden Gelenkhebel der Kniehebelpresse werden mit einer Lasche / Bolzenverbindung an der Zugstange befestigt. Die Zugkraft beträgt F=8kN. Eine zulässige Abscherspannung von τ_{zul} = 100N/mm² darf dabei nicht überschritten werden. Bestimmen Sie das Maß a der Lasche.

$$\boxed{\tau = \frac{F}{S}} \quad \textbf{G32} \qquad S = \frac{F}{\tau_{zul}}$$

$$S = \frac{8000N}{100\frac{N}{mm^2}} = \mathbf{80mm^2} \qquad \text{pro Seite: } S_1 = 40mm^2$$

$$\boxed{S_1 = a*s - d*s} \qquad a = \frac{S_1 + d*s}{s}$$

$$a = \frac{40mm^2 + 10mm*6mm}{6mm} = \frac{100mm^2}{6mm} = \mathbf{16{,}6mm} \qquad \text{gewählt: } a = 18mm$$

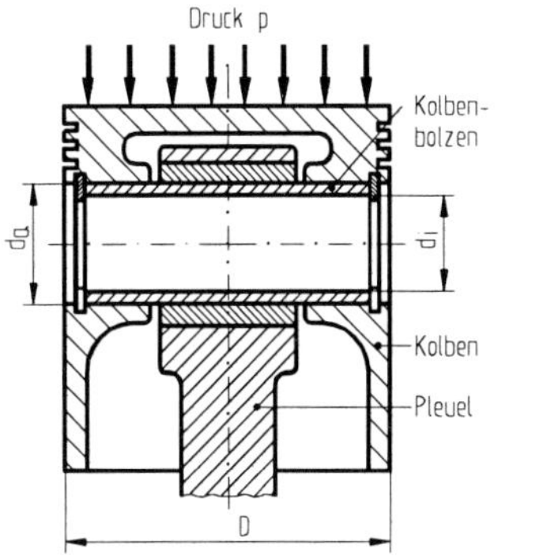

Aufgabe

Auf den Kolbenboden eines Zylinders wirkt ein Verbrennungsdruck von 33bar. Welche Sicherheit liegt beim Kolbenbolzen gegen Bruch vor, wenn dieser aus 16MnCr5 gefertigt wurde. Technische Daten:

Kolbendurchmesser D = 80mm

Kolbenbolzendurchmesser d_a = 20mm d_i = 16mm

$$1bar = 10\frac{N}{cm^2} \quad \textbf{G2/G28}$$

$$R_m = 780...1080\frac{N}{mm^2} \quad \textbf{W10} \qquad \text{Werkstoff 16MnCr5}$$

$$\boxed{\tau_{aB} = 0{,}8*R_m} \quad \textbf{F18} \qquad \tau_{aB} = 0{,}8*780\frac{N}{mm^2} = \mathbf{624\frac{N}{mm^2}}$$

oder $$\tau_{aB} = 600\frac{N}{mm^2} \quad \textbf{F19} \qquad \text{als Tabellenwert}$$

Für R_m wird der niedrigste Wert gewählt, wodurch eine höhere Sicherheit gewährleistet ist. In dem folgenden Rechengang wird mit $\tau_{aB}=600N/mm^2$ weitergerechnet.

$$\boxed{S_0 = \frac{\pi*(D^2 - d^2)}{4}} \quad \textbf{G15} \qquad S_0 = \frac{\pi*(20^2 - 16^2)mm^2}{4} = \mathbf{113{,}1mm^2} \text{ Kolbenbolzenquerschnitt}$$

$$S_0 = 2*S_1 \qquad S_1 = \frac{S_0}{2} \qquad \text{zwei Bruchquerschnitte}$$

$$S_1 = \frac{113{,}1mm^2}{2} = \mathbf{56{,}35mm^2}$$

$$\boxed{p_m = \frac{F_N}{A}} \quad \textbf{G32} \qquad F_N = p_m * A = p_m * \frac{d^2*\pi}{4}$$

$$F_N = 330\frac{N}{cm^2} * \frac{8^2cm^2*\pi}{4} = \mathbf{16585{,}8N \approx 16586N}$$

$$\boxed{\tau = \frac{F}{S}} \quad \textbf{G32} \qquad \text{setze } F = F_N$$

$$\tau_{vorh} = \frac{16586N}{56{,}55mm^2} = \mathbf{293{,}29\frac{N}{mm^2}} \qquad \text{vorhandene Scherspannung}$$

$$\boxed{\nu = \frac{\tau_{aB}}{\tau_{vorh}}} \quad \textbf{G33} \qquad \nu = \frac{600\frac{N}{mm^2}}{293{,}29\frac{N}{mm^2}} = \mathbf{2{,}0} \qquad \text{Sicherheit}$$

3.1.4 *Flächenpressung*

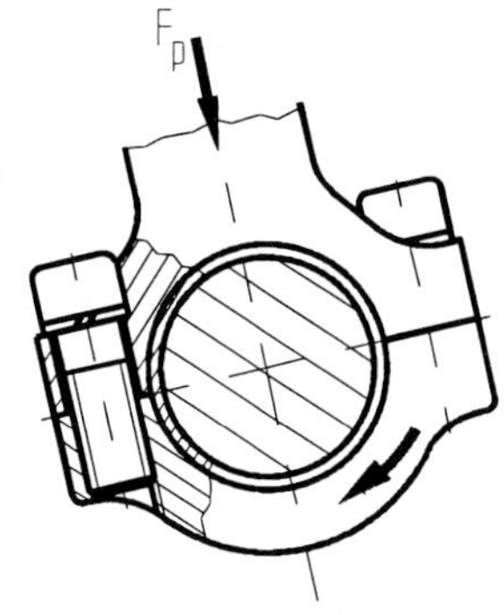

Aufgabe

Nach dem Zünden des Arbeitstaktes in einer Verbrennungskraftmaschine wirkt auf den Kolbenboden, Kolbendurchmesser d = 70mm, kurzzeitig ein Druck von p = 30bar.

a. Berechnen Sie die Kraft F_N, welche auf den Kolbenboden drückt.

b. Berechnen Sie die Kraft F_{Pleuel}, welche bei einem Auslenkungswinkel von 13° zur Vertikalen auf das Pleuellager wirkt.

c. Wie groß müßte der Durchmesser der Pleuellagerschale ausgelegt werden, damit die zulässige Flächenpressung von 20N/mm² nicht überschritten wird. Die Pleuellagerschalenbreite beträgt b = 25mm.

a. $1bar = 10\frac{N}{cm^2}$ **G2/G28**

$\boxed{p_m = \frac{F_N}{A}}$ **G32** $F_N = p_m * A = p_m * \frac{d^2 * \pi}{4}$

$F_N = 300\frac{N}{cm^2} * \frac{7^2 cm^2 * \pi}{4} = \mathbf{11545{,}35N}$

b. $\boxed{\cos\alpha = \frac{b}{c}}$ **G5** $c = \frac{b}{\cos\alpha}$

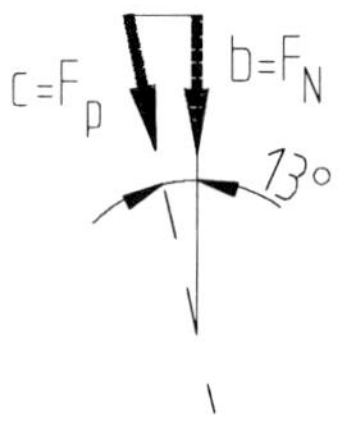

$c = \frac{11545{,}35\frac{N}{mm^2}}{\cos 13°} = \mathbf{11849{,}04N}$ $b = F_N$ gesetzt

$F_{Pleuel} = \mathbf{11{,}85kN}$ $c = F_{Pleuel}$ gesetzt

c. $\boxed{p_{zul} = \frac{F}{A_{proj}}}$ **G32** $A_{proj} = \frac{F}{p_{zul}}$

$\boxed{A_{proj} = d * b}$ **G32** $d = \frac{F}{p_{zul} * b}$

$d = \frac{11{,}85kN}{20\frac{N}{mm^2} * 25mm} = \mathbf{23{,}7mm}$ gewählt: $d = 24mm$

Aufgabe

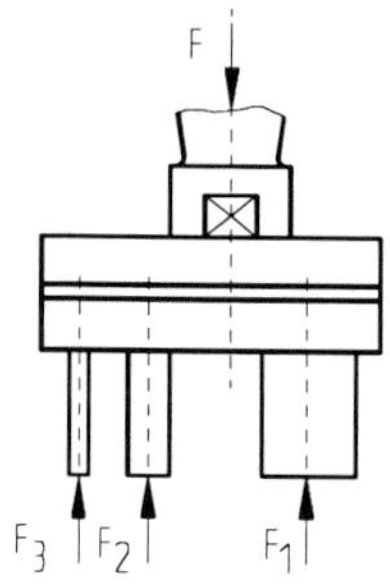

In dem Scheidwerkzeug mit Plattenführung treten zwischen Stempelkopf und Kopfplatte (ungehärtet) eine Flächenpressung auf, die bei fehlender Druckplatte (gehärtet) maximal p_{zul} = 250N/mm² erreichen darf. Folgende Daten sind bekannt:

Stempel 1: Sechskant, s_1 = 36mm, F_1 = 104kN,

Stempel 3: rund, d_3 = 4,5mm, F_3 = 12,5kN.

Entscheiden Sie, ob eine Druckplatte eingebaut werden muß.

$\boxed{A = 0{,}866 * d^2}$ **G14** $A_1 = 0{,}866 * s_1^2$

$A_1 = 0{,}866 * 36^2 mm^2 = \mathbf{1122{,}34mm^2}$

$\boxed{A = \frac{d^2 * \pi}{4}}$ **G15** $A_3 = \frac{4{,}5^2 mm^2 * \pi}{4} = \mathbf{15{,}9mm^2}$

$\boxed{p_m = \frac{F_N}{A}}$ **G32** $p_{m_1} = \frac{F_1}{A_1}$ $p_{m_1} = \frac{104000N}{1122{,}34mm^2} = \mathbf{92{,}66\frac{N}{mm^2}}$

$p_{m_3} = \frac{F_3}{A_3}$ $p_{m_3} = \frac{12500N}{15{,}9mm^2} = \mathbf{786{,}16\frac{N}{mm^2}}$

Da $p_{zul} < p_{m\,3}$ ist, bedarf es einer gehärteten Druckplatte.

4.1 Getriebe

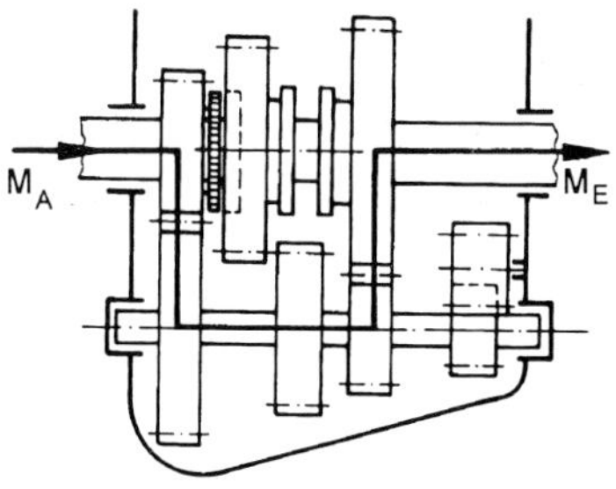

Aufgabe

Für ein Kfz-Getriebe (1.Gang) soll die Übersetzung ermittelt werden. Die Umdrehungsfrequenz des Motors beträgt $n_A = 4200 min^{-1}$.

Getriebedaten:

Hauptwelle $z_1 = 21$, $z_4 = 38$

Vorgelegewelle $z_2 = 30$, $z_3 = 15$

a. Wie groß ist die Umdrehungsfrequenz n_E am Getriebeausgang ?

b. Bestimmen Sie das abgegebene Drehmoment M_E, wenn der Motor ein Drehmoment von $M_A = 120Nm$ abgibt und die Reibungsverluste im Getriebe 20% betragen.

a.

$$i = \frac{z_2 * z_4}{z_1 * z_3}$$ **G21** $$i = \frac{30*38}{21*15} = \mathbf{3{,}62:1}$$ Übersetzung ins Langsame

$$i = i_1 * i_2 = \frac{n_1}{n_4}$$ **G21** $$n_1 = n_A$$ Gleichsetzungen

$$n_4 = n_E$$

$$n_E = \frac{n_A}{i}$$ $$n_E = \frac{4200 min^{-1}}{3{,}62} = \mathbf{1160{,}2 \frac{1}{min}}$$

b.

$$\eta = \frac{100\% - Verluste}{100\%}$$ $$\eta = \frac{100\% - 20\%}{100\%} = \frac{80\%}{100\%} = \mathbf{0{,}8}$$

$$\eta = \frac{M_2}{M_1} * \frac{1}{i}$$ **G21** $$M_2 = M_E$$ Gleichsetzungen

$$M_1 = M_A$$

$$M_E = M_A * i * \eta$$ **G21** $$M_E = 120Nm*3{,}62*0{,}8 = \mathbf{347{,}5Nm}$$

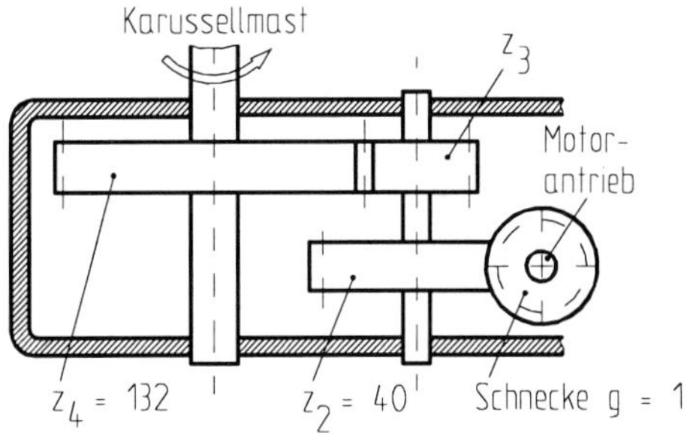

Aufgabe

Der Antrieb eines Karussellmastes erfolgt mit einem Elektromotor und nachgeschalteten Getriebe. An einem Karussellmast sind über 8 Auslegerarme mit einer Länge von je 6,5m Gondeln angebracht, die sich mit einer Geschwindigkeit von 20km/h bewegen. Die Umdrehungsfrequenz des E-Motors beträgt $1440 min^{-1}$. Berechnen Sie für das abgebildete Getriebe die Zähnezahl z_3.

$$v = d * \pi * n$$ **G20** $$n = \frac{v}{d*\pi}$$

$$n = \frac{20\frac{km}{h}}{13m*\pi} = \frac{20\frac{km}{h}*1000\frac{m}{km}*\frac{1h}{60 min}}{13m*\pi} = \mathbf{8{,}61 \frac{1}{min}}$$

$$i = \frac{n_1}{n_2}$$ **G21** $$n_1 = n_A$$ Gleichsetzungen

$$n_4 = n_E$$

$$i = \frac{1440 min^{-1}}{8{,}16 min^{-1}} = \mathbf{176{,}5:1}$$

$$i = \frac{z_2 * z_4}{z_1 * z_3}$$ **G21** $$z_3 = \frac{z_2 * z_4}{z_1 * i}$$

$$z_3 = \frac{40*132}{1*176{,}5} = \mathbf{30}$$

4.2 Riementrieb

Aufgabe

Ein Elektromotor treibt über einen Riementrieb eine Getriebewelle an, die sich mit einer Umdrehungsfrequenz von 710 min^{-1} dreht. Die Riemengeschwindigkeit beträgt 12m/s bei der Vernachlässigung von Schlupf.

a. Berechnen Sie den Riemenscheibendurchmesser der getriebenen Scheibe.

b. Bestimmen Sie das Übersetzungsverhältnis des Riementriebes, wenn die treibende Scheibe am Motor einen Durchmesser von 164mm hat.

c. Wie groß ist die Umdrehungsfrequenz des Motors ?

a. $\boxed{v = d*\pi*n}$ **G20** $d = \frac{v}{\pi*n}$

$$d = \frac{12\frac{m}{s}*60\frac{s}{min}*1000\frac{mm}{m}}{\pi*710\frac{1}{min}} = \mathbf{322{,}79mm}$$ gewählt: $d = 323mm$

b. $\boxed{i = \frac{d_2}{d_1}}$ **G21** $i = \frac{323mm}{164mm} = \mathbf{1{,}97:1}$

c. $\boxed{i = \frac{n_1}{n_2}}$ **G21** $n_1 = n_2*i$

$n_1 = 710\,min^{-1}*1{,}97 = \mathbf{1398{,}4min^{-1}}$ gewählt: $n_1 = 1400mm^{-1}$ **F11**

4.3 Zahntriebe

Aufgabe

Auf einer Getriebewelle sitzt ein Zahnrad z_1 = 25 und treibt über ein Zwischenrad z_{zw} ein weiteres Zahnrad z_2 = 75 an. Das Zwischenrad bewegt sich mit n = 710min^{-1}, die Getriebewelle mit einer Umdrehungsfrequenz von 284min^{-1}.

a. Bestimmen Sie die Zähnezahl des Zwischenrades.

b. Berechnen Sie das Übersetzungsverhältnis.

a. $\boxed{i = \frac{n_1}{n_2}}$ **G21** $i = \frac{284\,min^{-1}}{710\,min^{-1}} = \mathbf{1:2{,}5}$

$\boxed{i = \frac{z_{zw}}{z_1}}$ **G21** $z_{zw} = i*z_1$ $z_{zw} = \frac{1}{2{,}5}*25 = \mathbf{10}$

b. $\boxed{i = \frac{z_2*z_{zw}}{z_{zw}*z_1}}$ **G21** $i = \frac{75*10}{10*25} = \mathbf{3:1}$ Übersetzung ins Langsame

Aufgabe

Von einem zerstörten, geradverzahnten Zahnrad sind der Außendurchmesser d_a = 60mm und die Zähnezahl z = 38 bekannt.

a. Berechnen Sie die von dem Zahnrad den Modul, die Teilung und den Teilkreisdurchmesser.

b. Wie groß ist die Zahnhöhe, wenn ein Kopfspiel $c = 0{,}2 \cdot m$ vorliegt ?

c. Das Gegenrad des zerstörten Zahnrades besitzt 15 Zähne. Wie groß ist der Achsabstand (Außenverzahnung) der beiden Zahnräder ?

a. $\boxed{d_a = m*(z+2)}$ **M44** $m = \frac{d_a}{z+2}$ $m = \frac{60mm}{38+2} = \mathbf{1{,}5mm}$

$\boxed{p = m*\pi}$ **M44** $p = 1{,}5mm*\pi = \mathbf{4{,}71mm}$

$\boxed{d = m*z}$ **M44** $d = 1{,}5mm*38 = \mathbf{57mm}$

b. $\boxed{h = 2*m + c}$ **M44** $h = 2*1{,}5mm + (0{,}2*1{,}5mm) = \mathbf{3{,}3mm}$

c. $\boxed{a = \frac{m*(z_1+z_2)}{2}}$ **M44** $a = \frac{1{,}5mm*(38+15)}{2} = \mathbf{39{,}75mm}$

Aufgabe

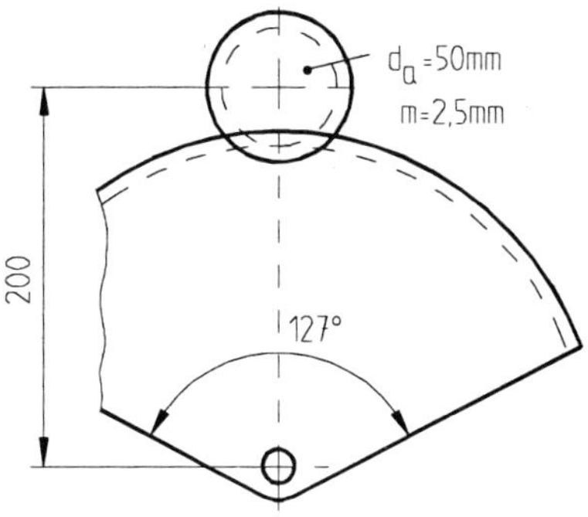

Ein Schleifmaschinentisch wird über ein Ritzel und ein Zahnsegment in Längsrichtung (links / rechts) bewegt.

a. Wie groß ist die Zähnezahl des Ritzel ?

b. Berechnen Sie die Frästiefe für ein Kopfspiel $c = 2{\cdot}m$.

c. Wie groß ist die Zähnezahl des Zahnsegments, wenn der Achsabstand 200mm beträgt ?

d. Wie groß ist der Verfahrweg des Zahnsegments bei einer vollen Winkelbewegung von $\alpha = 127°$?

a. $\boxed{d_a = m*(z+2)}$ **M44** $z = \frac{d_a - 2*m}{m}$

$$z = \frac{50mm - 2*2{,}5mm}{2{,}5mm} = \mathbf{18}$$

b. $\boxed{h = 2*m + c}$ **M44** $h = 2*2{,}5mm + 0{,}2*2{,}5mm = \mathbf{5{,}5mm}$

c. $\boxed{a = \frac{m*(z_1 + z_2)}{2}}$ **M44** $z_2 = \frac{2*a}{m} - z_1$ $z_2 = \frac{2*200mm}{2{,}5mm} - 18 = \mathbf{142}$

d. $\boxed{\widehat{l}_B = \frac{d*\pi*\alpha}{360°}}$ **G15** $\boxed{d = m*z}$ **M44**

$$\widehat{l}_B = \frac{m*z_2*\pi*\alpha}{360°} \qquad \widehat{l}_B = \frac{2{,}5mm*142*\pi*127°}{360°} = \mathbf{393{,}44mm}$$

Aufgabe

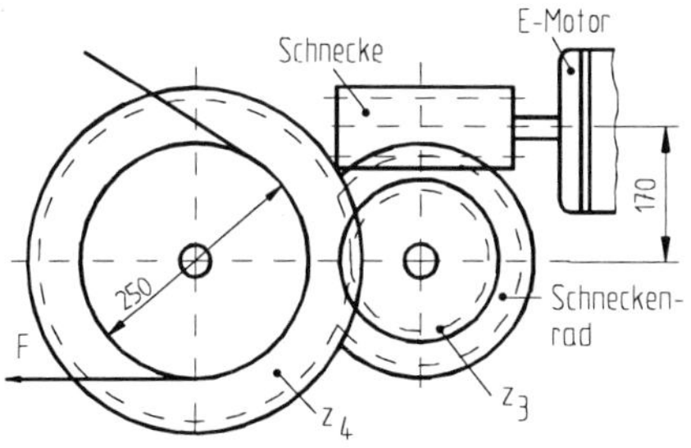

Der neben abgebildete Riemenantrieb erfolgt über ein zweistufiges Getriebe mit folgenden Daten:

$i_1 = 40$, $z_3 = 20$, $z_4 = 46$,
Umdrehungsfrequenz des Motors $n_1 = 1400min^{-1}$,
Riemenscheibendurchmesser $d_s = 250mm$,
Wirkungsgrad 60%.

a. Wie groß muß die Antriebsleistung eines Elektromotors sein, wenn die Riemenkraft F = 15kN beträgt ?

b. Welche Zähnezahl hat das Schneckenrad, wenn die Gangzahl der Schnecke g = 2 beträgt ?

a. $\boxed{M_4 = F*\frac{d_s}{2}}$ **G22** $M_4 = 15kN*\frac{0{,}250m}{2} = \mathbf{1875Nm}$

$\boxed{i_{ges} = \frac{M_4}{M_1}}$ **G21** $M_1 = \frac{M_4}{i_1*i_2}$

$\boxed{i_2 = \frac{z_4}{z_3}}$ **G21** $M_1 = \frac{1875Nm}{\frac{40}{1}*\frac{46}{20}} = \mathbf{20{,}38Nm}$

$\boxed{P = M_1*2*\pi*n_1}$ **G26** $P_{ab} = \frac{20{,}38Nm*2*\pi*1400\frac{1}{min}}{60\frac{s}{min}} = \mathbf{2987{,}86\frac{Nm}{s} = 2{,}99kW}$

$\boxed{\eta = \frac{P_{ab}}{P_{zu}}}$ **G25** $P_{zu} = \frac{P_{ab}}{\eta} = \frac{2{,}99kW}{0{,}6} = \mathbf{4{,}98kW}$

b. $\boxed{i_1 = \frac{z_2}{z_1}}$ **G21** $z_2 = z_1*i_1 = 2*\frac{40}{1} = \mathbf{80}$ setze $z_1 = g$

5.1 Berechnungen

5.1.1 *Pneumatik*

Aufgabe

Das Stempeln von Werkstücken erfolgt mit Hilfe eines einfach wirkenden Zylinders. Die Stempelkraft soll 500N bei einem Druck von 6bar erreichen, wobei die Hublänge 40mm beträgt.

a. Berechnen Sie den erforderlichen Zylinderdurchmesser, wenn die Rückstellfeder für den Kolben eine Kraft von 15N erreicht. Die Reibungsverluste werden durch den Wirkungsgrad von 92% erfaßt.

b. Welcher Luftverbrauch stellt sich ein, wenn 1500 Hübe pro Stunde ausgeführt werden ?

a. $\boxed{F_1 = p_1 * A_1 * \eta_1}$ **F63** $A_1 = \frac{F_1}{p_1 * \eta_1}$

$$A_1 = \frac{515N}{60\frac{N}{cm^2} * 0{,}92} = \mathbf{9{,}32cm^2}$$

$\boxed{d_1 = \sqrt{\frac{4 * A_1}{\pi}}}$ **G15** $d_1 = \sqrt{\frac{4 * 9{,}32cm^2}{\pi}} = 3{,}44cm = \mathbf{34{,}4mm}$

Zylinderdurchmesser $d_1 = 35mm$ aus Tabelle **F63**

b. $\boxed{Q = q * s * n}$ **F63** $q = 0{,}06\frac{l}{10mm}$ bei 6bar **F63**

$$Q = 0{,}06\frac{l}{10mm} * 40mm * 1500\frac{1}{h} = \mathbf{360\frac{l}{h}}$$

5.1.2 *Hydraulik*

Aufgabe

In einer Kunststoffverarbeitungsmaschine wird plastifizierter Kunststoff mit einer hydraulischen Presse in eine Form gespritzt. Dabei ist eine Kraft von F_1 = 6kN aufzubringen. Die Kraft zum Betätigen der Presse darf maximal F_2 = 300N betragen. Der Kolbendurchmesser beträgt d_1 = 300mm und der dazugehörige Weg soll s_1 = 20mm sein.

a. Wie groß darf der Kolbendurchmesser d_2 höchstens sein ?

b. Bestimmen Sie den nutzbaren Weg vom Kolben 2, wenn dies mit einem Kolbenweg s_1 = 20mm erreicht werden soll.

c. Berechnen Sie die benötigte Flüssigkeitsmenge für diese Hubbewegung.

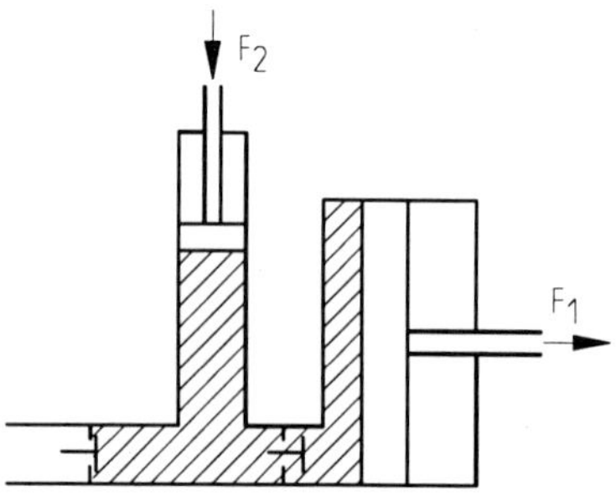

a. $\boxed{\frac{F_1}{F_2} = \frac{A_1}{A_2}}$ **G28** $A_2 = \frac{F_2 * A_1}{F_1}$

$\boxed{A_1 = \frac{\pi * d_1^2}{4}}$ **G15** $A_1 = \frac{\pi * 300^2 mm^2}{4} = \mathbf{70685{,}8mm^2}$

$$A_2 = \frac{300N * 70685{,}8mm^2}{6000N} = \mathbf{3534mm^2}$$

$\boxed{d_2 = \sqrt{\frac{4 * A_2}{\pi}}}$ **G15** $d_2 = \sqrt{\frac{4 * 3534mm^2}{\pi}} = \mathbf{67{,}07mm \approx 67mm}$

b. $\boxed{F_1 * s_1 = F_2 * s_2}$ **G28** $s_2 = \frac{F_1 * s_1}{F_2}$

$$s_2 = \frac{6000N * 20mm}{300N} = \mathbf{400mm}$$

c. $\boxed{V = A_1 * s_1}$ **G16/G28** $V = 3534mm^2 * 400mm = 1413600mm^3 = \mathbf{1{,}4dm^3} = \mathbf{1{,}4\ l}$

oder $\boxed{V = A_2 * s_2}$ **G16/G28** $V = 70686mm^2 * 20mm = 1413720mm^3 = \mathbf{1{,}4dm^3} = \mathbf{1{,}4\ l}$

Seitenhinweise beziehen sich auf die 6. Auflage des Tabellenbuches HT 3291

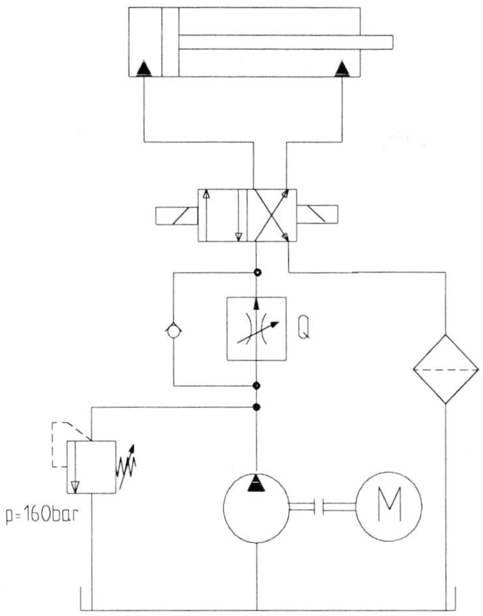

Aufgabe
Mit Hilfe eines Hydraulikzylinders sollen Teile durch Fließpressen hergestellt werden.
Die dargestellte Hydraulikanlage hat folgende technische Daten:

Öldruck p = 160bar,
Kolbendurchmesser d_1 = 50mm,
Flächenverhältnis φ = 1,6,
Ausfahrgeschwindigkeit v_A = 6m/min,
Verluste werden nicht berücksichtigt.

a. Bestimmen Sie den Einstellwert für das Stromregelventil in l/min. Ist die Fördermenge von 14 l/min der Pumpe ausreichend ?
b. Wie groß ist die beim Ausfahren **und** Einfahren verfügbare Kolbenstangenkraft ?
c. Wie goß ist die Kolbeneinfahrgeschwindigkeit, wenn das Stromregelventil auf einen Durchflußwert von 12 l/min eingestellt ist ?
d. In den Rohrleitungen soll eine Geschwindigkeit des Hydrauliköles von 5m/s nicht überschritten werden. Ist ein lichter Rohrdurchmesser von 10mm ausreichend, wenn die Förderdurchflußmenge für die Pumpe 14 l/min und für das Stromregelventil 12 l/min beträgt ?

a. $\boxed{v_A = \frac{Q}{A_1}}$ **G28/F63** $Q = v_A * A_1$

$$Q_{erfod.} = 600\frac{cm}{min}*19{,}6cm^2 = \mathbf{11760\frac{cm^3}{min}} = \mathbf{11{,}76\frac{l}{min}}$$

$A_1 = 19{,}6cm^2$ aus Tabelle **F63**

Die Fördermenge der Pumpe reicht aus, da $Q_{erford} < Q_{vorh}$.

b. $\boxed{F_A = p*A_1}$ **G28/F63** $F_A = 1600\frac{N}{cm^2}*19{,}6cm^2 = \mathbf{31360N}$ Kraft beim Arbeiten

$\boxed{F_R = \frac{F_A}{\varphi}}$ **F63** $F_R = \frac{31360N}{1{,}6} = \mathbf{19600N}$ Kraft beim Rückfahren

c. $\boxed{v_R = \frac{Q}{A_3}}$ **G28** $v_R = \frac{12000\frac{cm^3}{min}}{11{,}6cm^2} = \mathbf{1034\frac{cm}{min}} = \mathbf{10{,}34\frac{m}{min}}$

$A_3 = 11{,}6cm^2$ aus Tabelle **F63**

d. $\boxed{A = \frac{\pi*d^2}{4}}$ **G15** $A = \frac{\pi*10^2mm^2}{4} = \mathbf{78{,}54mm^2}$

$\boxed{v = \frac{Q}{A}}$ **G28** $v = \frac{12000\frac{cm^3}{min}}{78{,}54mm^2*\frac{1cm^2}{100mm^2}} = \mathbf{15278{,}8\frac{cm}{min}} = \mathbf{152{,}79\frac{m}{min}}$

$v = 152{,}79\frac{m}{min}*\frac{1\,min}{60s} = \mathbf{2{,}55\frac{m}{s}}$ nach Stromregelventil

$\boxed{v = \frac{Q}{A}}$ **G28** $v = \frac{14000\frac{cm^3}{min}}{78{,}54mm^2*\frac{1cm^2}{100mm^2}} = \mathbf{17825{,}3\frac{cm}{min}} = \mathbf{178{,}25\frac{m}{min}}$

$v = 178{,}25\frac{m}{min}*\frac{1\,min}{60s} = \mathbf{2{,}97\frac{m}{s}}$ nach der Pumpe

Die Grenzgeschwindigkeit von 5m/s wird nicht überschritten. Damit ist ein lichter Rohrdurchmesser von 10mm ausreichend.

5.2 Steuerungen
Schaltplan, Funktionsdiagramm, Stromlaufplan, Logikplan

5.2.1 *Pneumatik*

Aufgabe
Der Kolben eines Pneumatikzylinders soll auf ein Startsignal mit einem Handtaster dauernd (oszillierend) aus- und einfahren. Mit einem zweiten Taster soll die Oszillation abstellbar sein und der Kolben bleibt im eingefahrenen Zustand stehen.
a. Erstellen Sie einen Schaltplan mit Rollenstößel betätigten Ventilen.
b. Es ist ein Schaltplan zu entwerfen, bei dem die Endlagenabfrage des eingefahrenen Kolbens mit einem Ventil mit Rollenhebelbetätigung erfolgt.

a. **F46...F56**

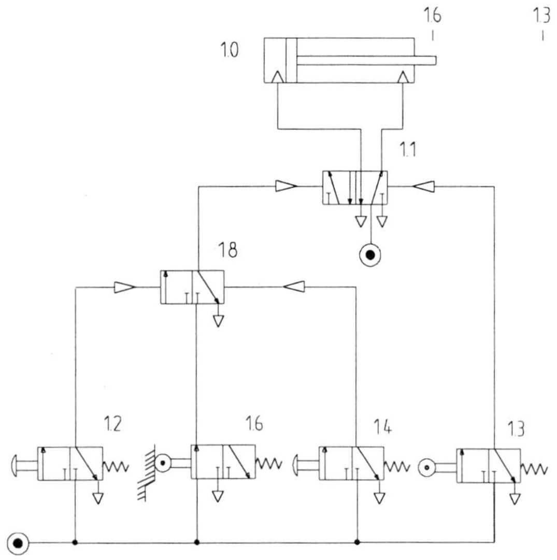

b.

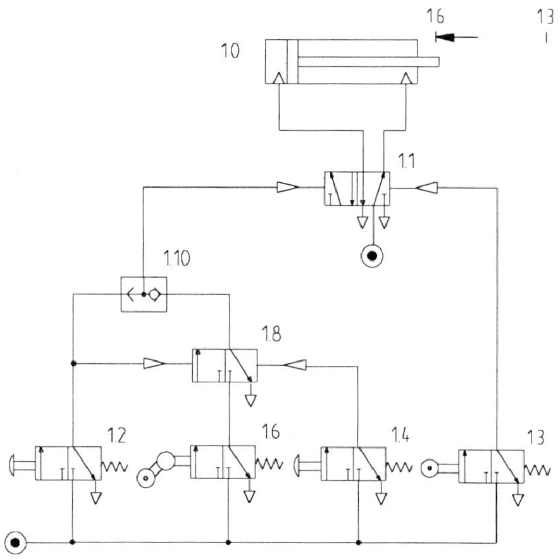

Aufgabe
Der Kolben eines doppeltwirkenden Zylinders soll auf ein Handtastersignal ausfahren. Bei dauernder Betätigung des Tasters soll der Kolben oszillieren. Beim Loslassen des Tasters soll der Kolben noch eine einstellbare Zahl von Doppelhüben ausführen. Die Hubzahl soll mit einem Zeitverzögerungsventil (abfallverzögerter Schließer) einstellbar sein.

F49...F56

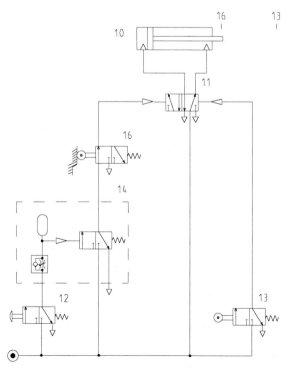

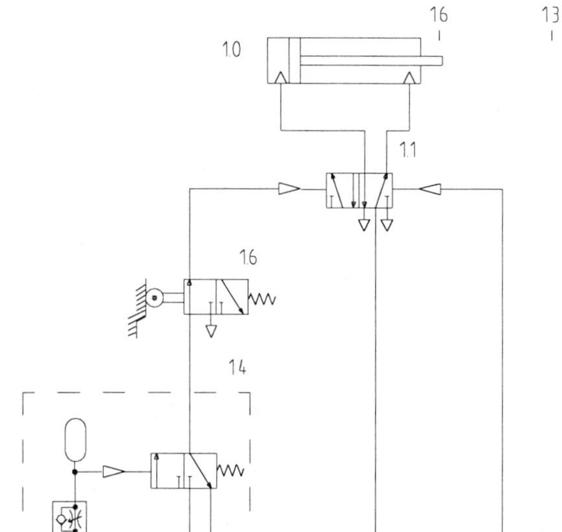

Seitenhinweise beziehen sich auf die 6. Auflage des Tabellenbuches HT 3291

Aufgabe
Für die abgebildete Steuerkette soll ein Funktionsdiagramm als Zustand-Zeit-Diagramm für den Zylinder 1.0 und das Stellglied 1.1 erstellt werden.

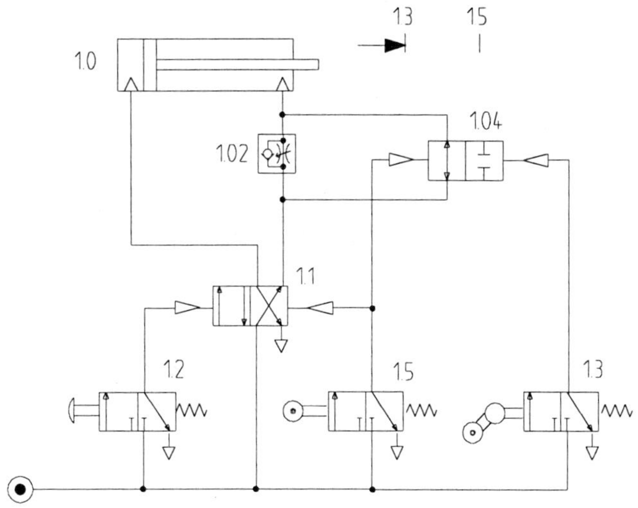

F54...F56+F62

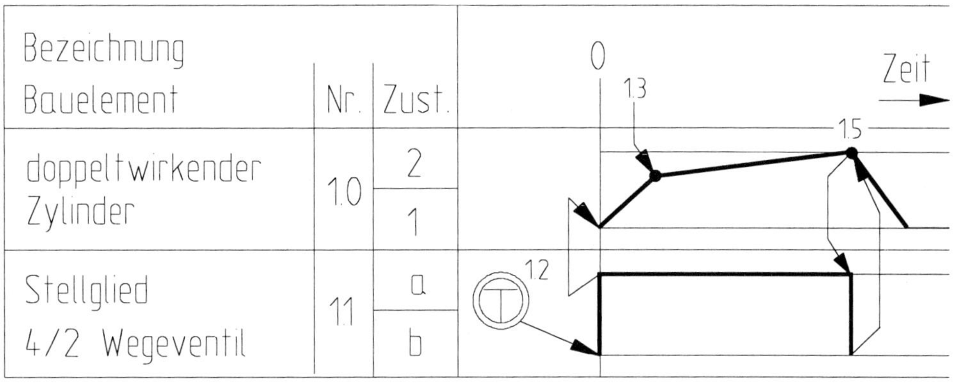
Bezeichnung
Bauelement
Nr.
Zust.
0
Zeit
1.3
1.5
doppeltwirkender Zylinder
1.0
2
1
Stellglied
4/2 Wegeventil
1.1
a
b
1.2

Aufgabe
Bei der abgebildeteten Steuerung werden die Aus- und Einfahrbewegungen unterschiedlich schnell gesteuert.

a. Erstelle ein Zustand-Zeit-Diagramm (Funktionsdiagramm) für die Steuerkette (Zylinder und Stellglied). Die einzustellende Zeit für das Bauteil 1.04 soll kleiner als die Ausfahrzeit des Kolbens sein.
b. Welche Konsequenzen hat es für den Ablauf der Steuerung, wenn die eingestellte Zeit länger als die Ausfahrbewegung ist ?

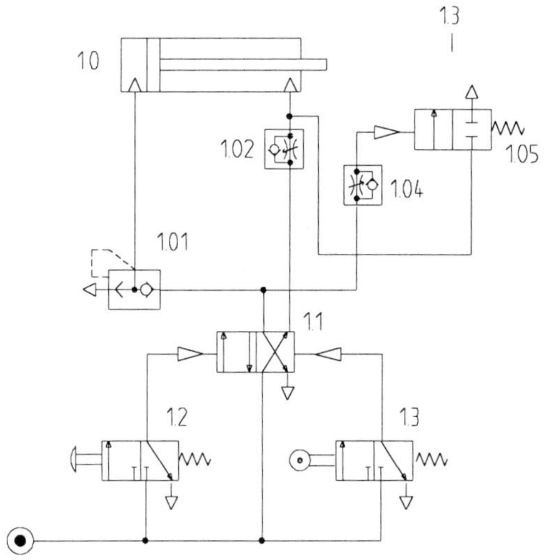

a. **F54...F56+F62**

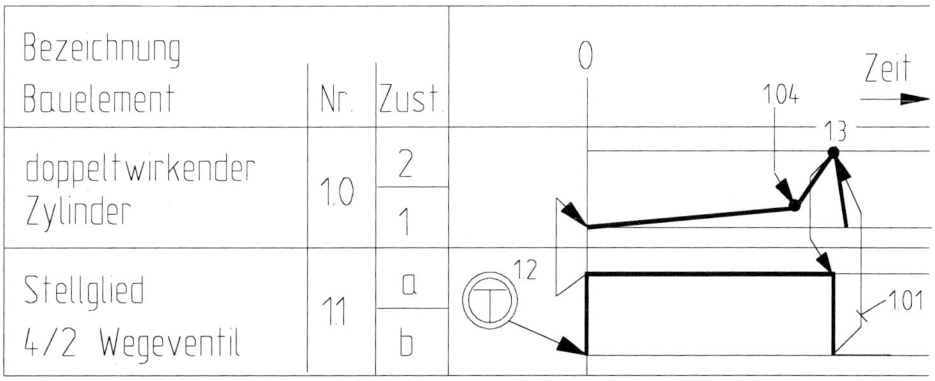
Bezeichnung
Bauelement
Nr.
Zust.
0
Zeit
1.04
1.3
doppeltwirkender Zylinder
1.0
2
1
Stellglied
4/2 Wegeventil
1.1
a
b
1.2
1.01

b. Der Kolben fährt durch Ventil 1.02 gedrosselt aus, ohne daß die Bauteile 1.04 und 1.05 wirken, d. h. ein schnelles Ausfahren auf dem Resthubweg entfällt. Die Einfahrbewegung bleibt wegen des Schnellentlüftungsventiles 1.01 sehr schnell.

Aufgabe

Mit einer pneumatischen Bohr- / Biegevorrichtung werden Blechteile bearbeitet. Der Steuerungsvorgang erfolgt mit drei Zylindern, Spannzylinder 1.0, Biegezylinder 2.0, Bohrzylinder 3.0, die in der Grundstellung eingefahren sind.

Arbeitsablauf:

- Die Blechteile werden von Hand eingelegt und nach Bearbeitung ebenso entnommen.
- Nach dem Startimpuls wird das Blechteil von Zylinder 1.0 gespannt.
- Der Start soll nur möglich sein, wenn der Spannzylinder 1.0 eingefahren ist.
- Die Bearbeitung, Biegen und Bohren, erfolgt gleichzeitig durch die Zylinder 2.0 und 3.0.
- Zylinder 2.0 verharrt im ausgefahrenen Zustand 10 Sekunden, Zylinder 3.0 fährt nach dem Bohrvorgang sofort ein.

a. Erstellen Sie anhand des Pneumatik-Schaltplans ein Funktionsdiagramm als Zustand-Schritt-Diagramm für die Antriebs- und Stellglieder mit Signallinien, sowie der kompletten Bezeichnung der Bauglieder.

b. Ergänzen Sie den Schaltplan für folgende Randbedingungen :

- Der Start darf nur bei vorhandenem Werkstück möglich sein.
- Bei Dauerbetätigung des Signalgliedes für den Start, darf kein Dauerlauf der Steuerung erfolgen.
- NOT-AUS-Schaltung: Nach Betätigen des NOT-AUS-Schalters sollen die Zylinder 2.0 und 3.0 sofort einfahren. Zylinder 1.0 bleibt ausgefahren.

Schaltplan zu Aufgabenstellung a:

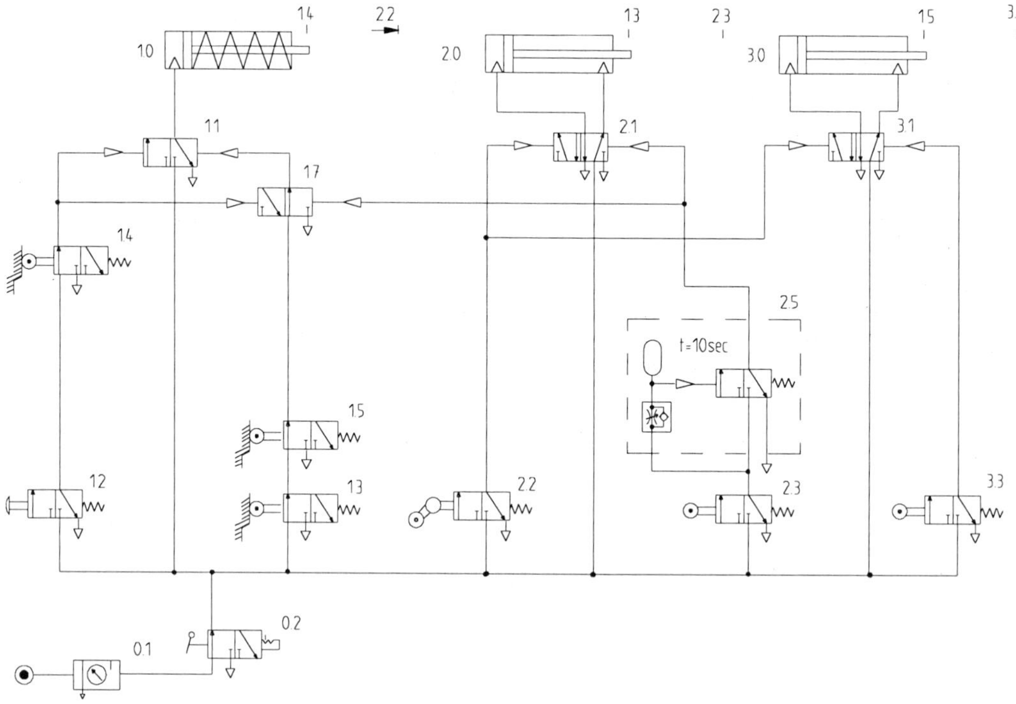

a. Lösung: **F54...F56**

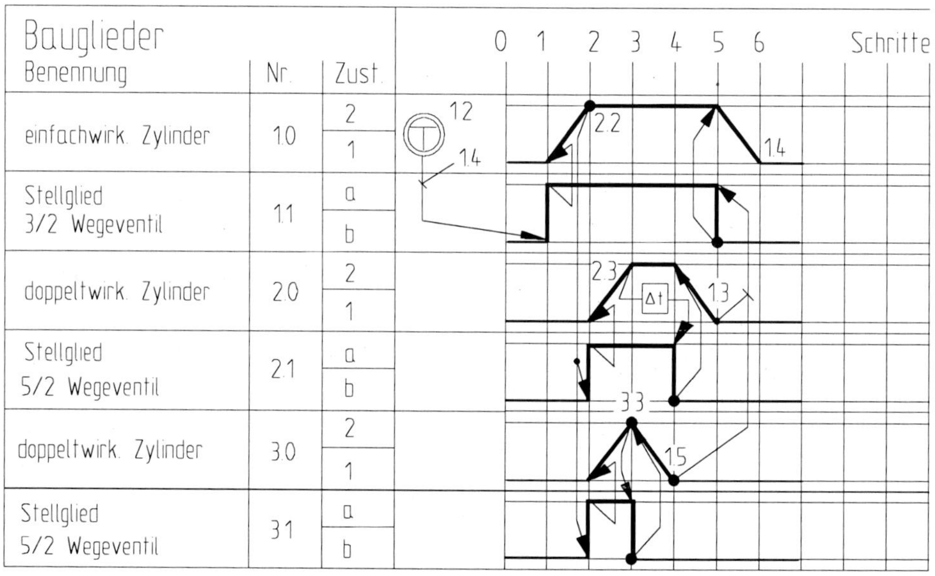

b. **F49...F56**

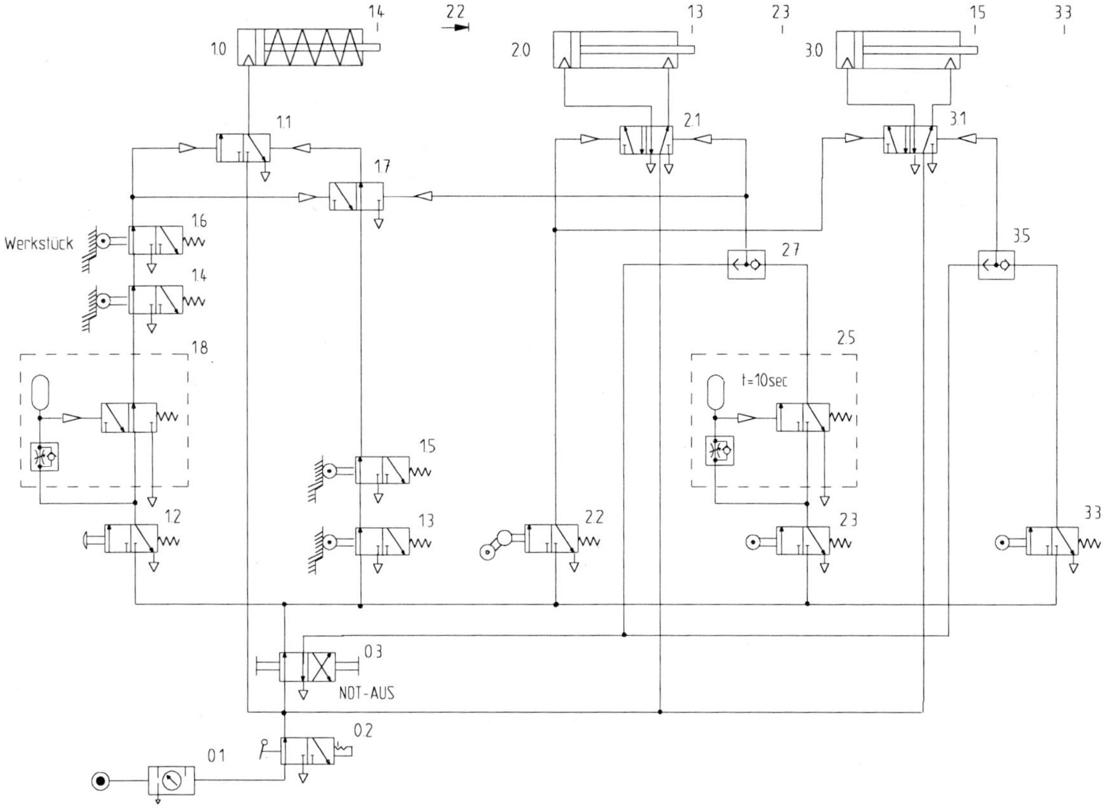

Aufgabe

Ein Holzteil soll auf einer Fräsmaschine einen Schlitz erhalten. Der Spannvorgang erfolgt mit dem doppeltwirkenden Zylinder 1.0, die Bearbeitung, d. h. die Bewegung des Frästisches (Vorschub) mit dem doppeltwirkenden Zylinder 2.0. Beide Zylinder sollen in ihrer Ausfahrbewegung geschwindigkeitsregulierbar sein.

a. Erstellen Sie ein Funktionsdiagramm (Zustand-Schritt-Diagramm) für die Zylinder und ihre Stellglieder.

b. Erstellen Sie einen Schaltplan für den beschriebenen Steuerungsablauf, wobei Tastrollen mit Rollenhebel verwendet werden dürfen.

c. Ersetzen Sie im Schaltplan aus Aufgabe b. die Tastrollen mit Rollenhebel durch Rollenstößel.

a. Lösung: **F54...F56**

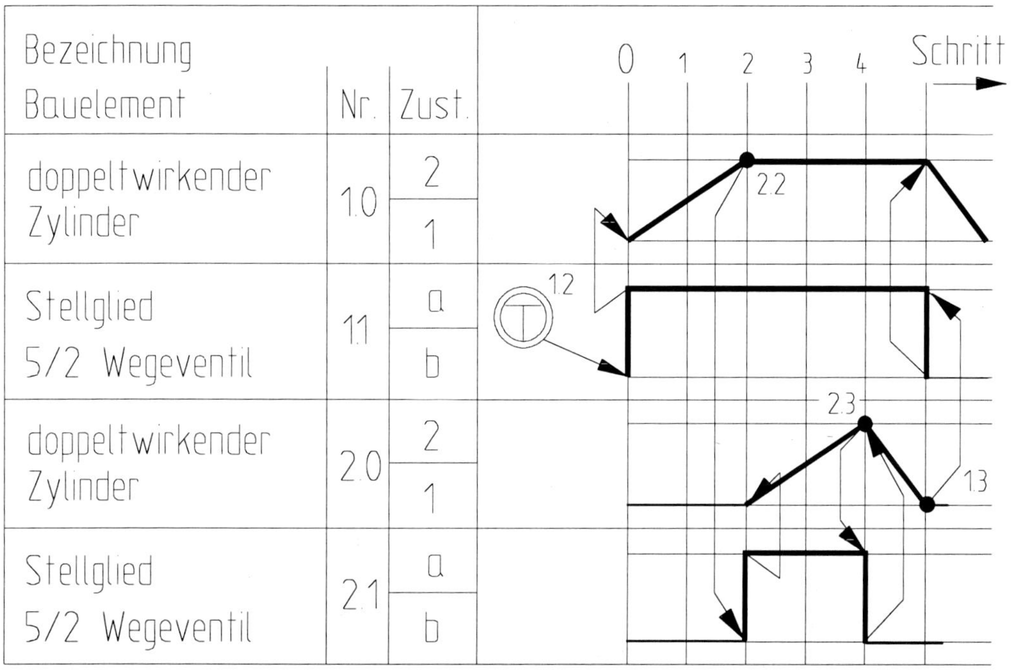

b. **F49...F56**

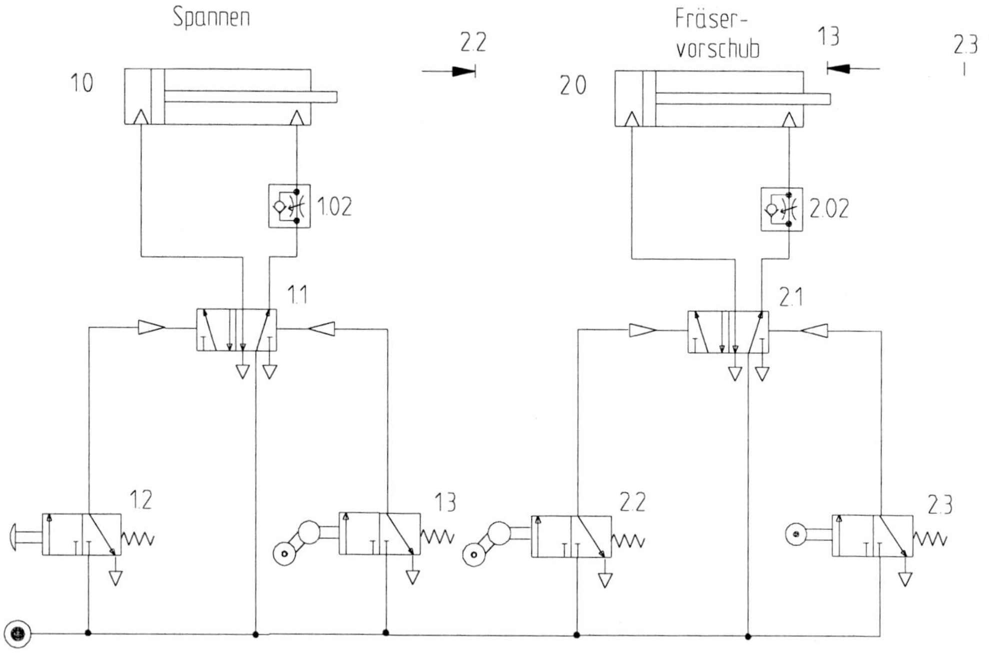

c. 1. Möglichkeit: Verriegelung

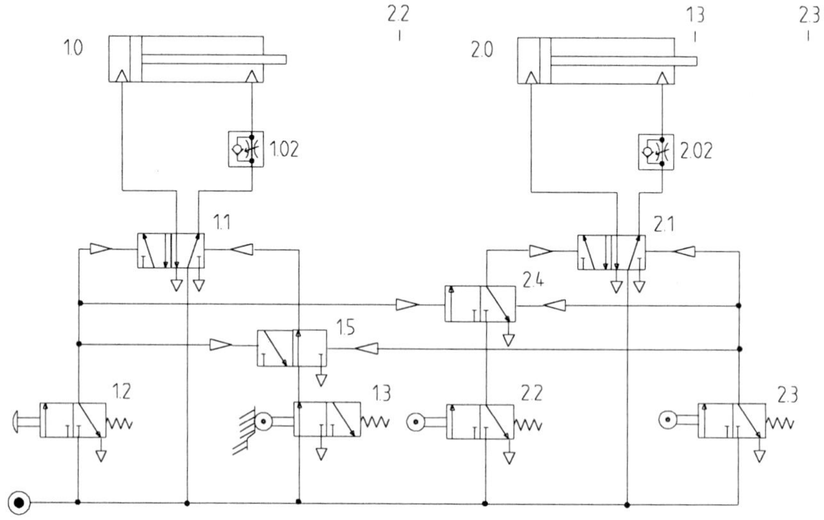

2. Möglichkeit: Verriegelung mit Zeitverzögerung

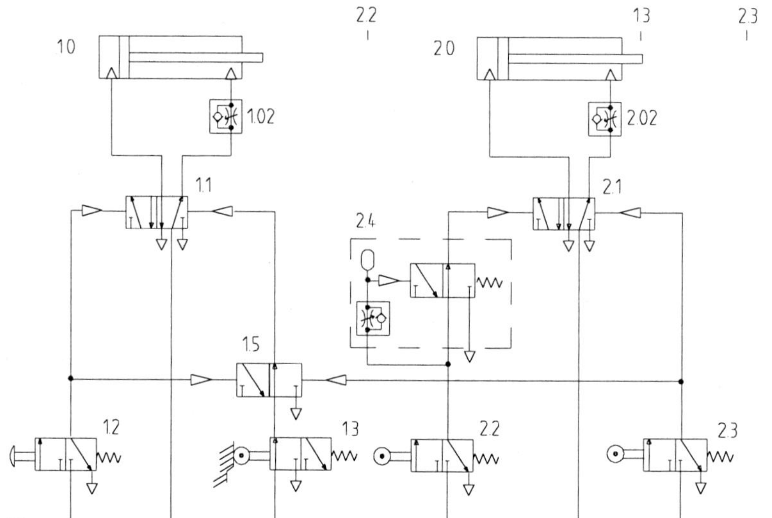

5.2.2 *Elektropneumatik*

Aufgabe

Für den Bewegungsablauf eines Pneumatikzylinders wird ein elektromagnetisch und federrückgestelltes Stellglied eingesetzt. Durch die Tasterbetätigung S1 soll der Kolben ausfahren. Nach dem Loslassen des Tasters bleibt der Kolben im ausgefahrenen Zustand. Das Einfahren erfolgt durch einen Taster S2.

a. Erstellen Sie einen elektropneumatischen Schaltplan mit dem dazugehörigen Stromlaufplan. Dabei gilt die Bedingung, daß beim gleichzeitigen Betätigen beider Taster das Einfahren „dominant" ist.
b. Erstellen Sie einen weiteren Stromlaufplan mit der Bedingung, daß das Ausfahren des Kolbens „dominant" ist.
c. Entwerfen Sie eine NOT-AUS-Schaltung (ausschnittsweise), bei der das Stellglied auf Einfahrzustand schaltet und der Steuerteil nicht stromlos wird.

a. Elektropneumatischer Schaltplan:

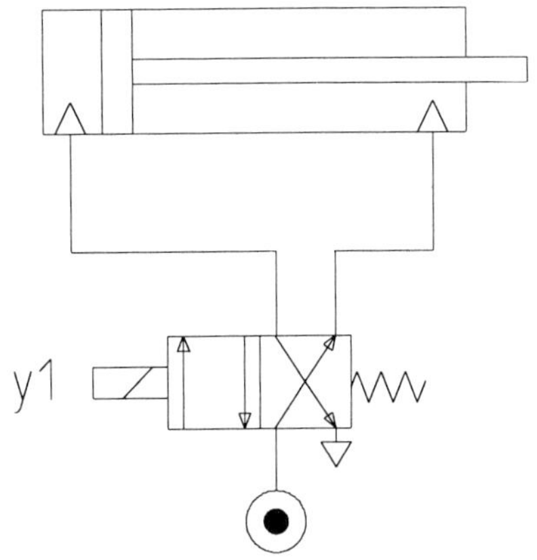

F57...F59 Stromlaufplan: (Einfahren „dominant")

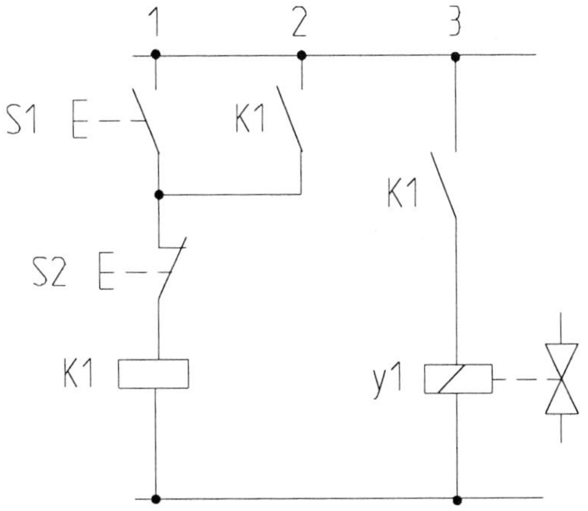

b. Stromlaufplan: (Ausfahren „dominant") **F57...F59**

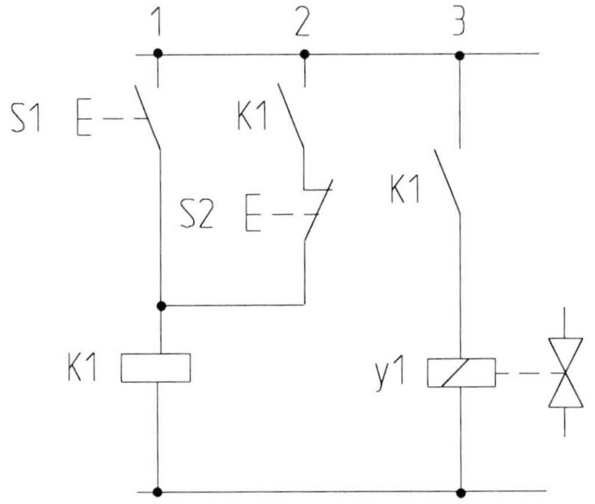

c. Stromlaufplan: (NOT-AUS) **F57...F59**

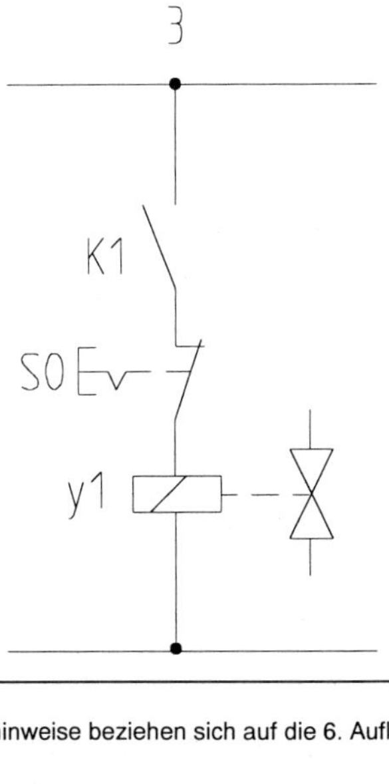

Aufgabe

Für das Aus- und Einfahren eines Pneumatikzylinders wird ein elektromagnetisch betätigtes Stellglied eingesetzt. Nach dem Einschalten soll der Kolben ständig aus- und einfahren (oszillieren) bis er abgeschaltet wird.

a. Zeichnen Sie einen Stromlaufplan, wobei ein rastender Einschalter S2 für den Automatikbetrieb zu verwenden ist.

b. Verändern Sie den Stromlaufplan durch folgende Randbedingung: Einbau eines Handtasters S1 für Einzeltakt-Betrieb.

c. Erstellen Sie eine NOT-AUS-Schaltung, wobei nach Betätigen eines Schalters der Kolben aus jeder Lage ausfährt und im ausgefahrenen Zustand bleibt.

d. Der Kolben soll im ausgefahrenen Zustand 10 Sekunden verharren und anschließend einfahren. Erstellen Sie ausschnittsweise einen Stromlaufplan.

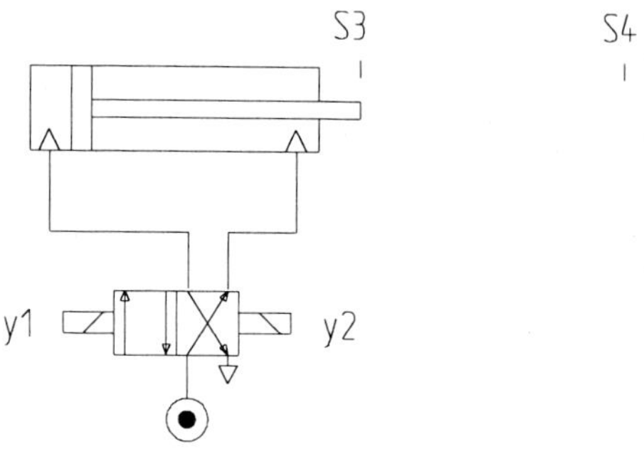

a. und b. Stromlaufplan: (a: nur S2, b: S1 und S2) **F57...F59**

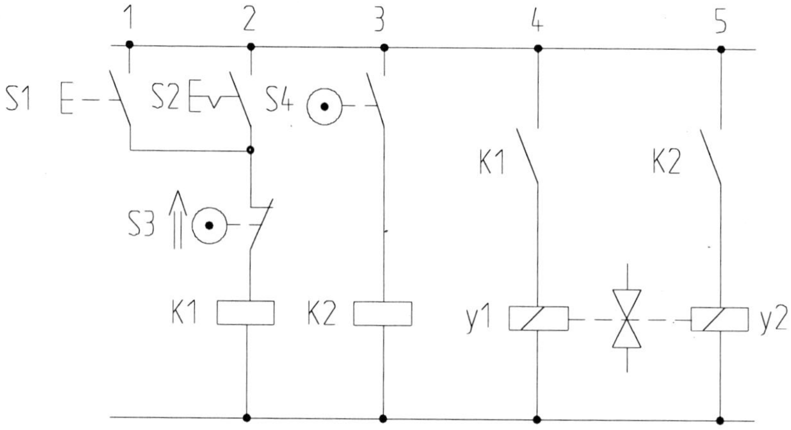

c. Stromlaufplan: (NOT-AUS) **F57...F59**

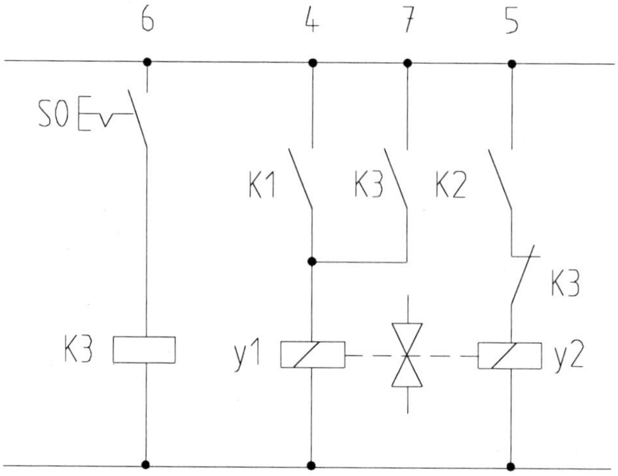

d. Stromlaufplan: (Zeitverzögerung) **F57...F59**

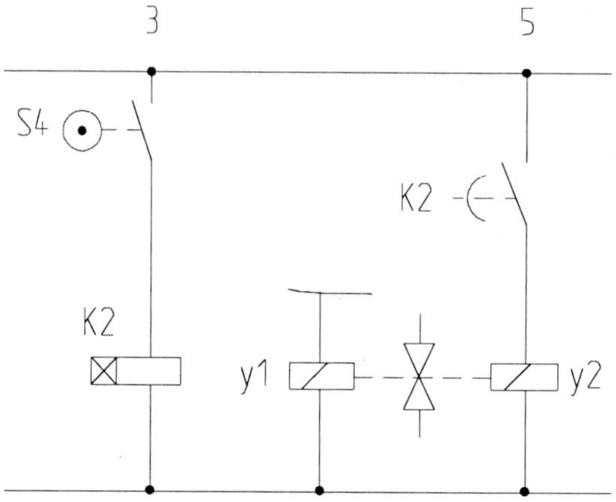

Seitenhinweise beziehen sich auf die 6. Auflage des Tabellenbuches HT 3291

5.2.3 *Hydraulik*

Aufgabe

Bei einem Raupenbagger werden dessen Auslegerarmbewegungen mit 4 Hydraulikzylindern gesteuert. Die Steuerungen der Zylinder 1.0 bis 4.0 erfolgen getrennt. Jedoch haben sie den gleichen Funktionsablauf, so daß nur für einen Zylinder eine Steuerkette entworfen werden muß.

a. Entwerfen Sie den Hydraulikschaltplan.

b. Erstellen Sie den zugehörigen Stromlaufplan.

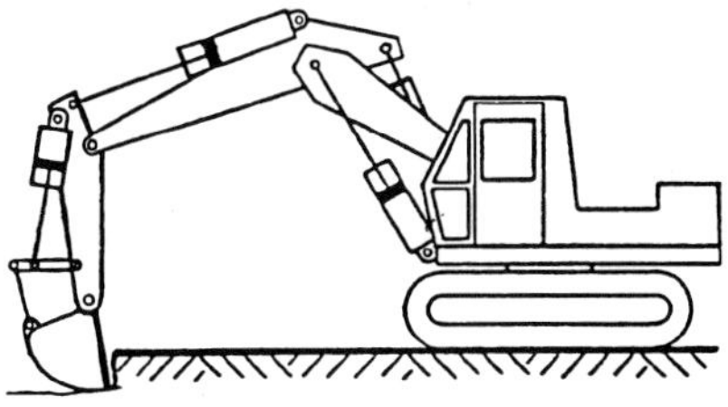

a. Hydraulikschaltplan: **F49/F50 + F62**

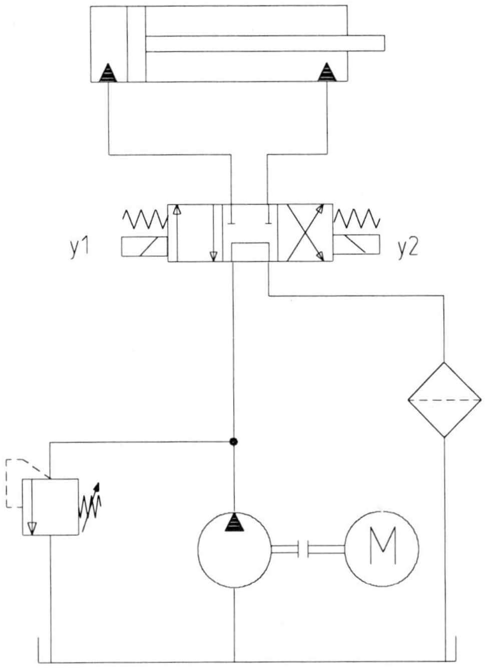

Bei Verwendung eines Proportionalventils, feinfühliger regulierbar

b. Stromlaufplan mit Hilfsrelais: **F57/F59**

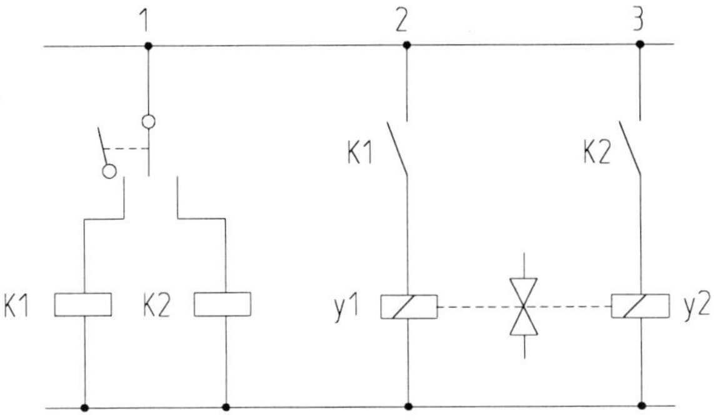

oder Steuerung ohne Hilfsrelais: **F57/F59**

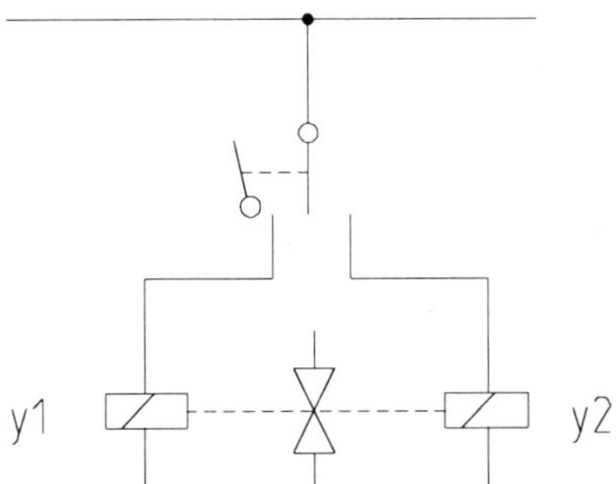

5.2.4 *Speicherprogrammierbare Steuerungen*

Aufgabe
Eine Kunststofformmaschine kann bei zwei Bedingungen in Betrieb genommen werden:
1. Bedingung für die Produktion
   - Arbeitsraumtür geschlossen (S2 = 1),
   - Starttaster betätigt (S1 = 1),
   - Schalter auf Betriebsstellung (S3 = 1) **oder**
2. Bedingung für das Einrichten
   - Arbeitsraumtür offen (S2 = 0),
   - Starttaster betätigt (S1 = 1),
   - Schalter auf Einrichtbetrieb steht (S3 = 0).

Durch das Tippen für den Start steht nur ein Kurzsignal an, das in ein Dauersignal umgewandelt werden muß (Speicher), Signal A1.1. Ist die Form gefüllt (Druck erreicht, S4 = 0) und die Betriebstemperatur erreicht (S5 = 0), so wird das Betriebssignal abgeschaltet. Die Abschaltung soll auch über einen Handtaster (S0 = 1) erfolgen können.

a. Zeichnen Sie einen Funktionsplan (FUP).
b. Erstellen Sie eine Anweisungsliste (AWL). Bezeichnungen entsprechend der Zahl bei S, z.B. S5 = E0.5, Merker können wahlweise verwendet werden.

a. Funktionsplan **F65...F67**

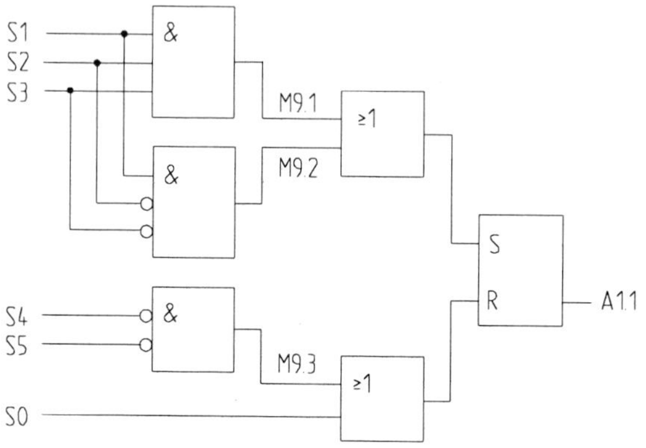

Zuordnungstabelle

Zustand	Festlegung	Logische Zuordnung
EIN-Schaltbedingung	Arbeitsraum offen / geschlossen Starttaster betätigt / unbetätigt Schalter Betriebsstellung / Einrichtbetrieb	S2 = 0 / 1 S1 = 1 / 0 S3 = 1 / 0
AUS-Schaltbedingung	Form gefüllt, Druck erreicht / nicht ... Temperatur erreicht / nicht erreicht Austaster betätigt / nicht betätigt	S4 = 0 / 1 S5 = 0 / 1 S0 = 1 / 0

b. Anweisungsliste **F65...F67**

ohne Merker	mit Merker
O (	U E0.1
U E0.1	U E0.2
U E0.2	U E0.3
U E0.3	= M9.1
)	U E0.1
O (	UN E0.2
U E0.1	UN E0.3
UN E0.2	= M9.2
UN E0.3	O M9.1
)	O M9.2
S A1.1	S A1.1
O (	UN E0.4
UN E0.4	UN E0.5
UN E0.5	= M9.3
)	O M9.3
O E0.0	O E0.0
R A1.1	R A1.1
BE	BE

Aufgabe

Gegeben ist der Stromlaufplan einer Steuerung, der mittels einer SPS umgesetzt werden soll.

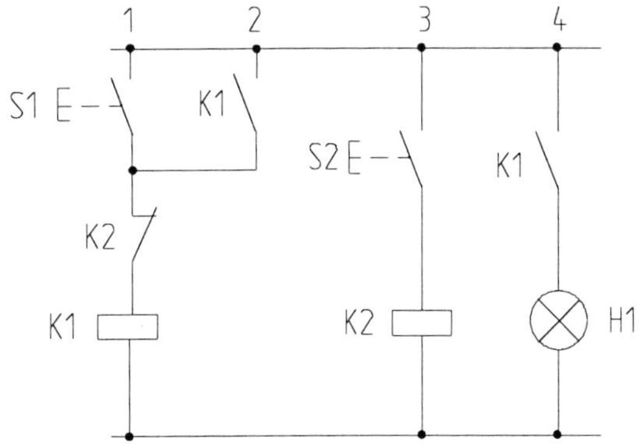

Zuordnung :

S1	Taster, Schließer	E0.1
S2	Taster, Schließer	E0.2
K1	Magnet	M8.1
K2	Magnet	M8.2
H1	Lampe	A0.1

a. Geben Sie das Verhalten der Lampe H1 an, wenn die Taster S1 und S2 jeweils allein und nacheinander betätigt werden, bzw. wenn die beiden Taster gleichzeitig gedrückt werden.
b. Schreiben Sie eine Anweisungsliste (AWL) zur vorgegebenen Steuerung.
c. Zeichnen Sie passend zur Steuerung einen Funktionsplan (FUP).
d. Die Steuerung ist in der Weise abzuändern, daß die Lampe „dominant" eingeschaltet ist. Erstellen Sie hierzu außerdem einen Funktionsplan.

a. Taster S1: Lampe leuchtet. Sie leuchtet auch nach dem Loslassen des Tasters weiter, da Selbsthaltung vorliegt. Taster S2: Lampe wird abgeschaltet. Bei gleichzeitiger Betätigung von Taster S1 und S2 wird die Lampe abgeschaltet. Damit wird die Lampe „dominierend" ausgeschaltet.

b. Anweisungsliste **F65...F67**

U (
O E0.1
O M8.1
)
UN M8.2
= M8.1
U E0.2
= M8.2
U M8.1
= A0.1
BE

c. Funktionsplan **F65...F67**

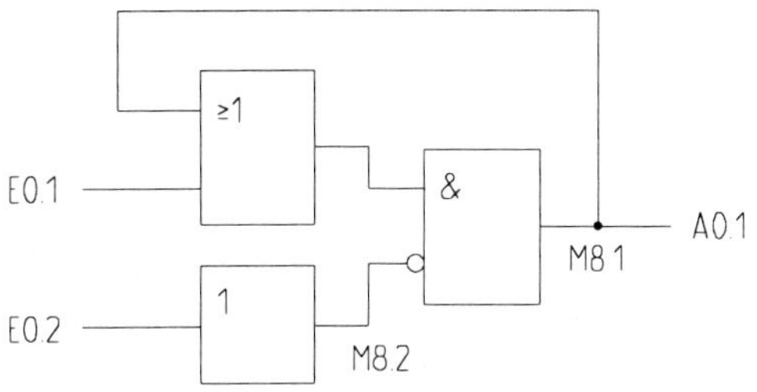

oder

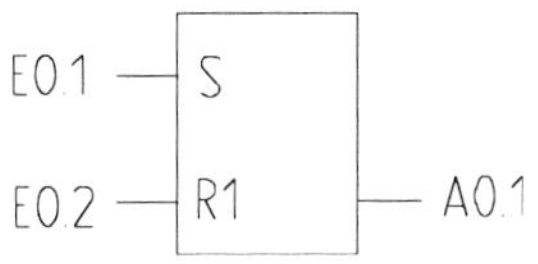

d. Lampe „dominant" eingeschaltet **F57...F59/F65...F66**

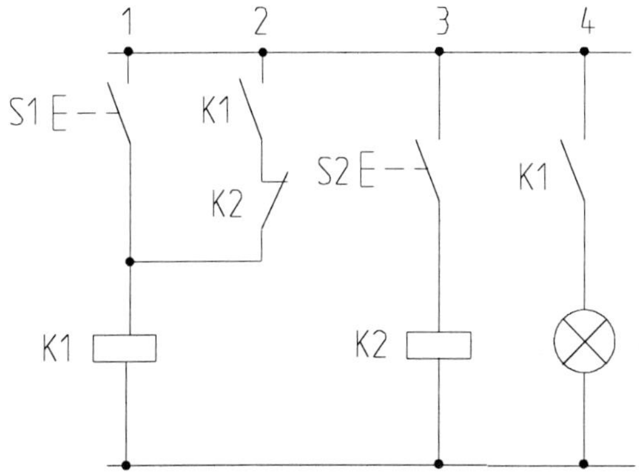

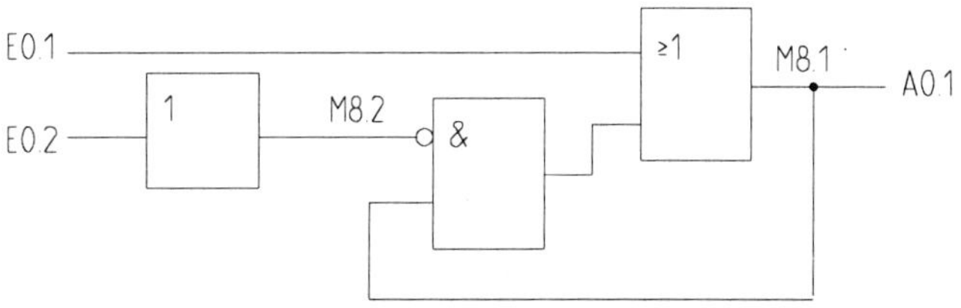

Aufgabe
Gegeben ist der abgebildete Funktionsplan einer Steuerung.

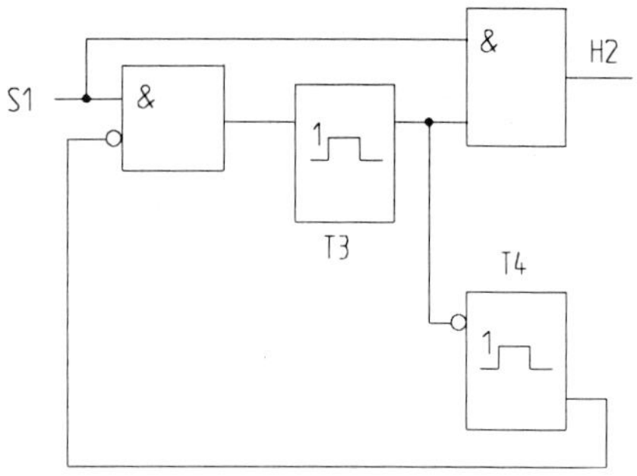

Zuordnung :

S1 rastender Schalter, Schließer E1.1
H2 rote Lampe A1.2

a. Welches Verhalten zeigt die Lampe am Ausgang? Die beiden Timer sind beide auf 1 Sekunde eingestellt. Das Eingangssignal ist ein Dauersignal.
b. Erstellen Sie eine Anweisungsliste (AWL).

a. Die Lampe blinkt mit einer Taktfrequenz von 1 Sekunde, d.h. 1 Sekunde leuchten, 1 Sekunde dunkel, usw.

b. Anweisungsliste **F53/F65/F66**

U E1.1
UN T4
LKT10.1
Si T3
UN T3
LKT10.1
Si T4
U E1.1
U T3
= A1.2
BE

Aufgabe
Ein Prüfgerät für Innengewinde wird pneumatisch betätigt. Auf Tastendruck S0 fährt ein Kolben aus und legt dabei die Meßbacke an das Gewinde an. Nach dem Ablesen der Meßuhr wird mittels der gleichen Tasterbetätigung der Kolben eingefahren. Das Tastersignal S0 ist ein Kurzsignal. Erfolgt dagegen die Tasterbetätigung als Dauersignal, so oszilliert der Kolben, d. h. er fährt ein und aus. Der Start darf nur bei eingelegtem Werkstück möglich sein.

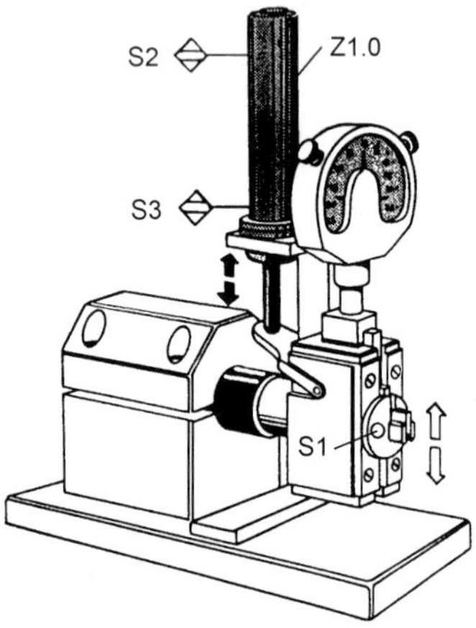

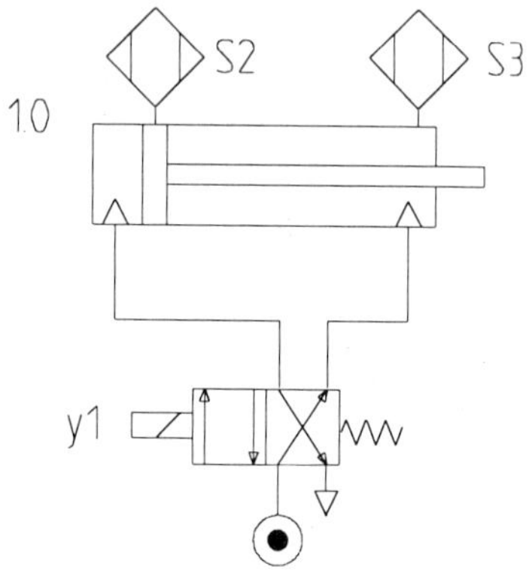

Zuordnungsliste:

Bauteil	Variable	Logische Zuordnung
S0	Start-Taster, Schließer	E0.0
S1	Werkstück-Sensor, Schließer	E0.1
S2	Kolben-Sensor, Schließer	E0.2
S3	Kolben-Sensor, Schließer	E0.3
y1	Magnet, Stellglied	A0.1

a. Zeichnen Sie einen Funktionsplan (FUP).
b. Schreiben Sie eine Anweisungsliste (AWL).

weitere Aufgabenstellungen

c. Der Kolben soll nicht mehr von Hand einfahren. Das Messen soll selbsttätig beendet werden. Als Kontrollzeit für das Ablesen der Meßuhr sollen 5 Sekunden zur Verfügung stehen. Dann soll der Kolben automatisch einfahren. Entwerfen Sie einen Funktionsplan (FUP) mit dazugehöriger Anweisungsliste (AWL).

d. Der Sensor S3 wird aus Ablaufgründen entfernt. Es soll der gleiche Ablauf wie unter Aufgabe c. erreicht werden. Als Ausfahrzeit für den Kolben werden 0,5 Sekunden benötigt. Gesucht ist ein Funktionsplan (FUP) und eine Anweisungsliste (AWL).

a. Funktionsplan

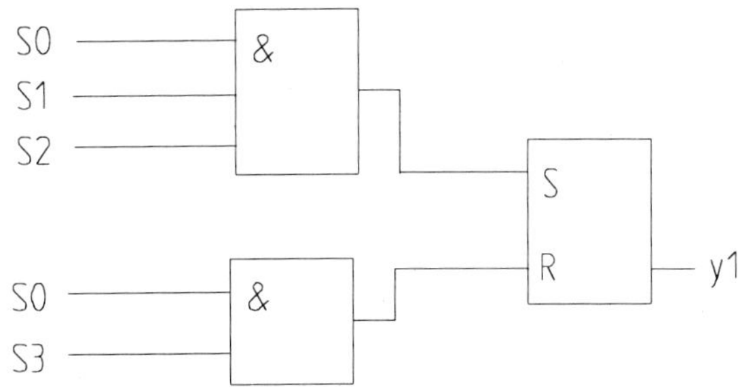

b. Anweisungsliste

F64...F67

UE0.0
UE0.1
UE0.2
SA0.1
UE0.0
UE0.3
RA0.1
BE

c. Funktionsplan

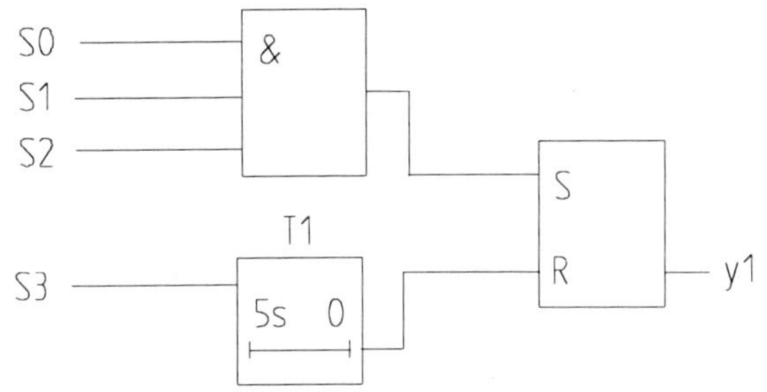

Anweisungsliste

F53/F64...F67

UE0.0
UE0.1
UE0.2
SA0.1
UE0.3
LKT5.2
SE T1
UT1
RA0.1
BE

d. Funktionsplan

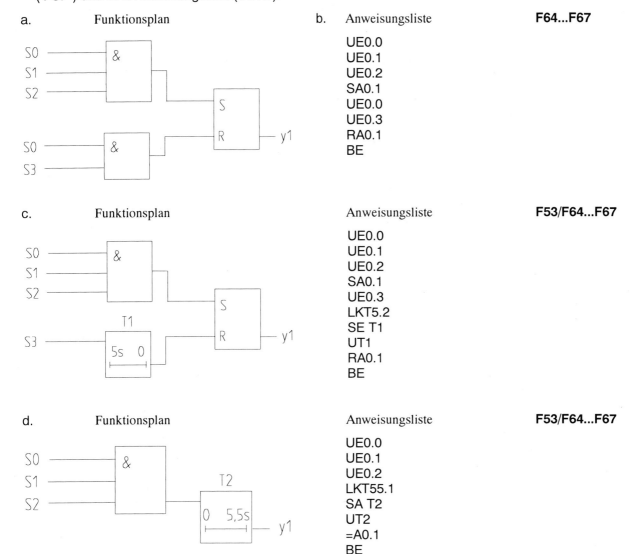

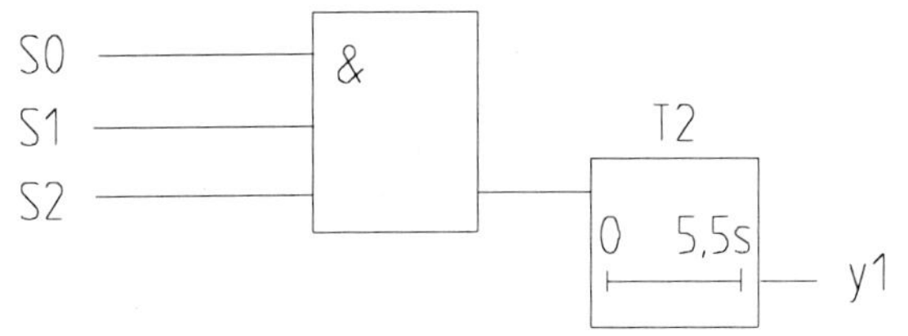

Anweisungsliste

F53/F64...F67

UE0.0
UE0.1
UE0.2
LKT55.1
SA T2
UT2
=A0.1
BE

6.1 Fräsen, Bohren, Gewindeschneiden

Aufgabe

Auf einer Universalfräsmaschine soll das abgebildete Werkstück aus Stahl bearbeitet werden.

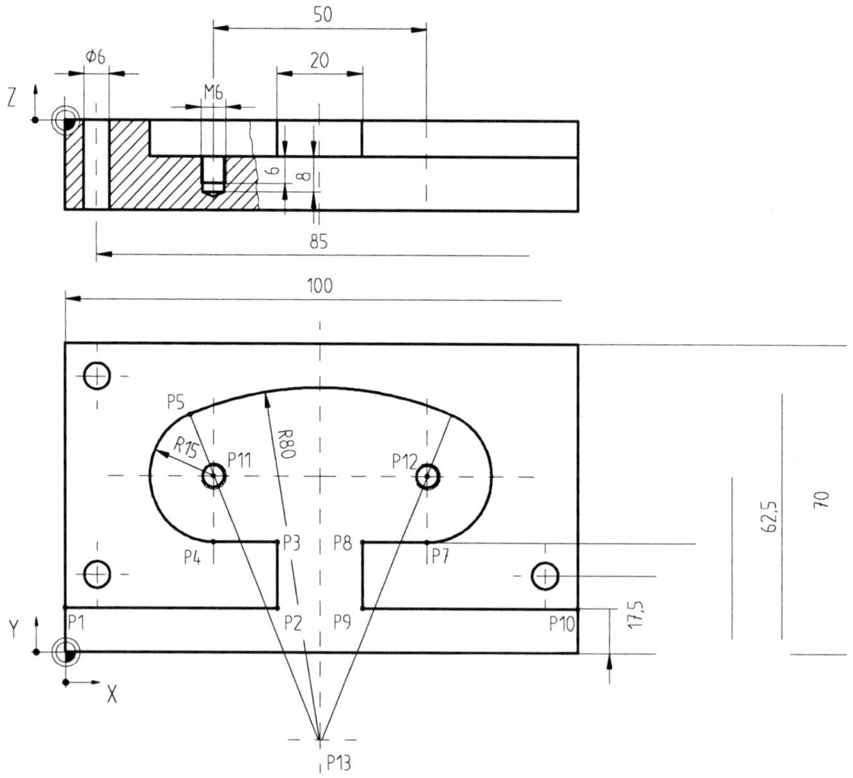

- Werkzeug- und Spanungsdaten:

Bohrer HSS:	Werkzeug **T01** d = 6mm, n = 1400min^{-1}, f = 0,1mm, v_f = 280mm/min
Schaftfräser HSS:	Werkzeug **T02** d = 12mm, n = 900min^{-1}, v_f = 140mm/min
Bohrer HSS:	Werkzeug **T03** d = 4,8mm, n = 2000min^{-1}, v_f = 200mm/min
Gewindebohrer:	Werkzeug **T04** M6, P = 1mm, n = 450min^{-1}

- Der Werkstücknullpunkt wurde mit dem Kantentaster erfaßt und unter **G54** abgelegt.
- Die Werkzeuge sind auf die Position X = -100, Y = 100, Z = 100 bezogen auf den Werkstücknullpunkt zu stellen. Der Werkzeugwechsel erfolgt an der gleichen Stelle.
- Vor dem Beginn der Programme ist ein Werkzeugwechsel zu programmieren.

Aufgabenstellung:

a. Bestimmen Sie die Punkte P5, P6 und P13, die Hilfskoordinaten I und J der Kreisbögen P4 → P5 , P5 → P6 und P6 → P7.

b. Erstellen Sie getrennte NC-Programme zu folgenden Bearbeitungsvorgängen:
Programm I: Bohren der Löcher ø 6mm mit Bohrzyklus G81.

c. Programm II: Absatz mit Tasche fräsen.
Beachten Sie, daß der Überstand bei P11 und P12 vollständig auszufräsen ist.

d. Programm III: Gewindekernlöcher mit G81 bohren, Verweilzeit am Bohrgrund von 1 Sekunde mit G04.

e. Programm IV: Gewindeschneiden mit Gewindebohrzyklus G84.

a. $\boxed{\cos\alpha = \frac{b}{c}}$ **G5** $\cos\alpha = \frac{l}{R - R_1} = \frac{b}{R_1}$

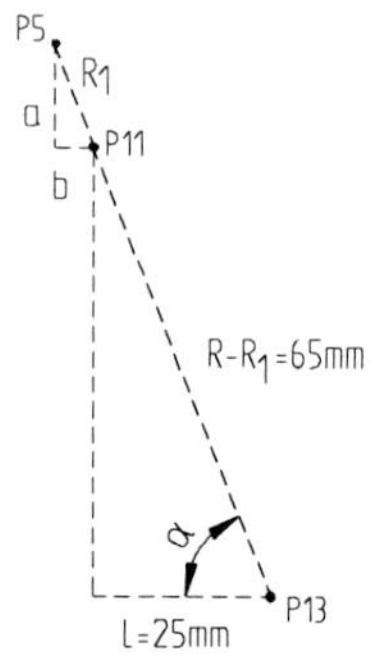

$$b = \frac{l * R_1}{R - R_1} \qquad b = \frac{25mm*15mm}{65mm} = \mathbf{5{,}76mm}$$

$\boxed{a^2 + b^2 = c^2}$ **G12** $a = \sqrt{c^2 - b^2}$

$$a = \sqrt{15^2mm^2 - 5{,}76^2mm^2} = \mathbf{13{,}84mm}$$

zu a: Koordinaten P5:

$X_{P5} = 50mm - 25mm - 5{,}76mm = \mathbf{19{,}24mm}$

$Y_{P5} = 40mm + 13{,}84mm = \mathbf{53{,}84mm}$ *P5 (19,24/53,84)*

Koordinaten P6:

$X_{P6} = 50mm + 25mm + 5{,}76mm = \mathbf{80{,}76mm}$

$Y_{P6} = 40mm + 13{,}84mm = \mathbf{53{,}84mm}$ *P6 (80,76/53,84)*

Bogen P4 → P5: *I=0, J=15*

Bogen P6 → P7: *I=5,76, J=13,84*

Koordinaten P13:

$\boxed{c^2 = a^2 + b^2}$ **G12** $a = \sqrt{c^2 - b^2}$

$b = 25mm + 5{,}76mm = \mathbf{30{,}76mm}$

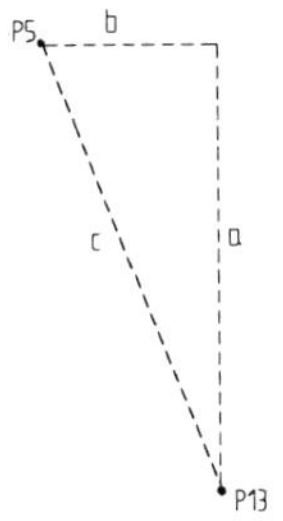

$a = \sqrt{80^2mm^2 - 30{,}76^2mm^2} = \mathbf{73{,}85mm}$

$Y_{P13} = 53{,}84mm - 73{,}85mm = \mathbf{-20{,}01mm}$ *P13 (50/-20,01)*

Bogen P5 → P6: *I=30,76, J=-73,85*

b. $\boxed{L = l_w + l_s + l_ü}$ **F6** $\boxed{l_s = 0{,}3 * d}$ **F6**

$L = 20mm + 0{,}3*6mm + 1mm = \mathbf{22{,}8mm}$ gewählt: *z=-23mm*

Bohrzyklus nach SL-Simulationsprogramm Fräsen-Neutral, Version 8.35 (1994)

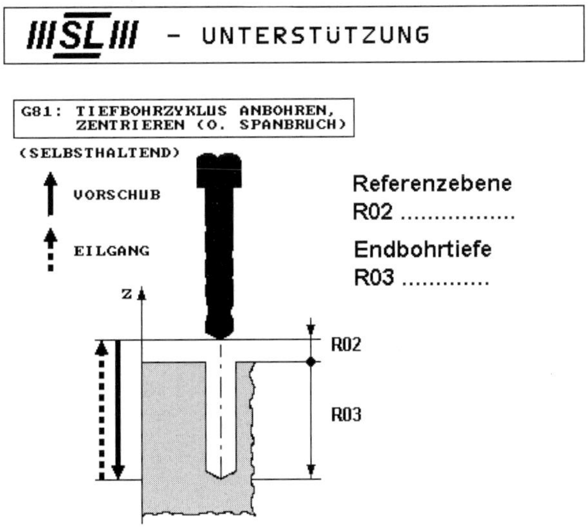

Programm I: Bohren der Löcher ∅ 6mm mit Gewindebohrzyklus G81 **F73...F76**

Satz-Nr.	Wegbedingung	Koordinaten X	Y	Z	R	Parameter I	J	K	Vorschub	Spindeldrehzahl	Werkzeug	Zusatzfunktion
N 10	G00 G17										T01	M06
N 20	G54 G90			Z100								
N 30		X7.5	Y17.5									
N 40	G01			Z1					F280	S1400		M03 M08
N 50	G81	R021 R03-22										
N 60		X92.5	Y17.5									
N 70	G81	R021 R03-22										
N 80		X92.5	Y62.5									
N 90	G81	R021 R03-22										
N100		X7.5	Y62.5									
N110	G81	R021 R03-22										
N120	G80											
N130	G00			Z100								M05 M09
N140		X-100	Y100									
N150												M30

c. Programm II: Tasche fräsen

Satz-Nr.	Wegbedingung	Koordinaten X	Y	Z	R	Parameter I	J	K	Vorschub	Spindeldrehzahl	Werkzeug	Zusatzfunktion
N 10	G00 G17										T02	M06
N 20	G54			Z100								
N 30		X-8	Y-2									
N 40				Z-8					F140	S900		M03 M08
N 50	G01 G42	X0	Y10									
N 60		X40										
N 70			Y25									
N 80		X25										
N 90	G02	X19.24	Y53.84			I0	J15					
N100		X80.76	Y53.84			I30.76	J-73.85					
N110		X75	Y25			I-5.76	J-13.85					
N120	G01	X60										
N130			Y10									
N140		X108										
N150	G40											
N160	G00			Z2								
N170		X25	Y40									
N180	G01			Z-8								
N190		X75										
N200			Y45									
N210		X25										
N220	G00	X50										
N230	G01		Y-15									
N240	G00			Z100								M05 M09
N250		X-100	Y100									
N260												M30

d. $\boxed{L = l_w + l_s}$ **F6** $\boxed{l_s = 0{,}3 * d}$

$L = 8mm + 0{,}3*4{,}8mm = \mathbf{9{,}44mm}$ gewählt: $z = -9{,}5mm$

$\boxed{L_{ges} = L + l_{Taschentiefe}}$ Grundlochtiefe + 8mm Taschentiefe, da Referenzebene $z = +2$

$L_{ges} = 9{,}5mm + 8mm = \mathbf{17{,}5mm}$ gewählt: $z = -17{,}5mm$

Bohrzyklus nach SL-Simulationsprogramm Fräsen-Neutral, siehe Seite 61

Programm III: Bohren der Gewindekernlöcher ∅ 4,8mm

Satz-Nr.	Wegbedingung	Koordinaten X	Y	Z	R	Parameter I	J	K	Vorschub	Spindeldrehzahl	Werkzeug	Zusatzfunktion
N 10	G00										T03	M06
N 20	G54			Z100								
N 30		X25	Y40									
N 40				Z2					F200	S2000		M03 M08
N 50	G81	R022 R03-17.5										
N 60	G04	X1 (X=1 Verweilzeit)										
N 70	G00			Z2								
N 80		X75	Y40									
N 90	G81	R022 R03-17.5										
N100	G04	X1										
N110	G80											
N120	G00			Z100								M05 M09
N130		X-100	Y100									
N140												M30

6.2 Drehen

Aufgabe

An eine Welle aus C45 ist ein Zapfen mittels Schruppen, HM-Werkzeug T01, anzudrehen. An der Stirnseite ist ein Aufmaß von 2mm vorgegeben. Zum Schruppen ist ein Abspanzyklus mit 3 Schnitten zu benutzen. Die gewünschte Oberflächenqualität wird mit einem späteren Schlichtschnitt erbracht.

a. Bestimmen Sie die Zerspanungsdaten. Bei der Bestimmung der Umdrehungsfrequenz für das Längs-Runddrehen ist eine Umdrehungsfrequenz aus der Reihe R20/4 mit 2800min^{-1} als Basis auszuwählen.

b. Erstellen Sie ein geeignetes NC-Programm.

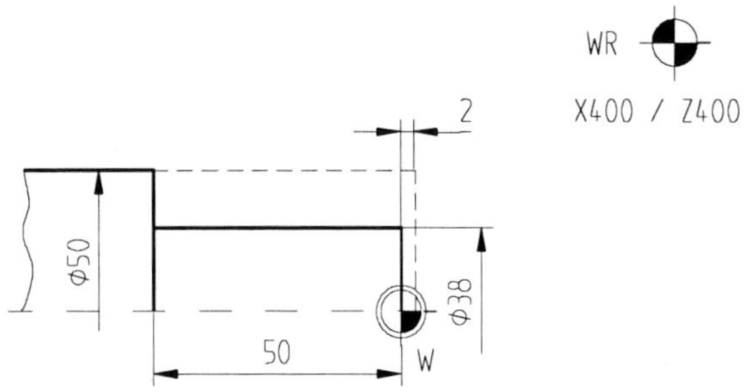

a. Zerspanungsgruppe 4 **F30** Werkstoff C45

$$a_p = \frac{D-d}{2} * \frac{1}{i}$$

$$a_p = \frac{50mm - 38mm}{2} * \frac{1}{3} = \frac{6mm}{3} = \mathbf{2mm}$$ Schnittaufteilung

$a_p = 2mm$ $f = 0{,}4mm$ $v_c = 190\frac{m}{min}$ **F31**

$$v_c = d * n * \pi$$ **F28**

$$n = \frac{v_c}{d * \pi}$$

$$n = \frac{190\frac{m}{min} * 1000\frac{mm}{m}}{50mm * \pi} = \mathbf{1209{,}57\frac{1}{min}}$$

$n = 112\frac{1}{min}$ **F11** Tabellenwert aus Reihe R20/4 mit 2800min^{-1} als Basis

$$n = 10 * 112\frac{1}{min} = \mathbf{1120\frac{1}{min}}$$

b. Ablaufbeschreibung:
Erst Quer-Plandrehen, dann Längs-Runddrehen. Bei G96 ist mit konstanter Schnittgeschwindigkeit beim Quer-Plandrehen zu arbeiten. Dabei ist eine Begrenzung der Umdrehungsfrequenz auf n=3000min^{-1} bei der Durchmesserabnahme gegen Null vorzunehmen.

Achsparalleler Abspanzyklus nach SL-Simulationsprogramm Drehen-Neutral, Version 7.0 (1993)

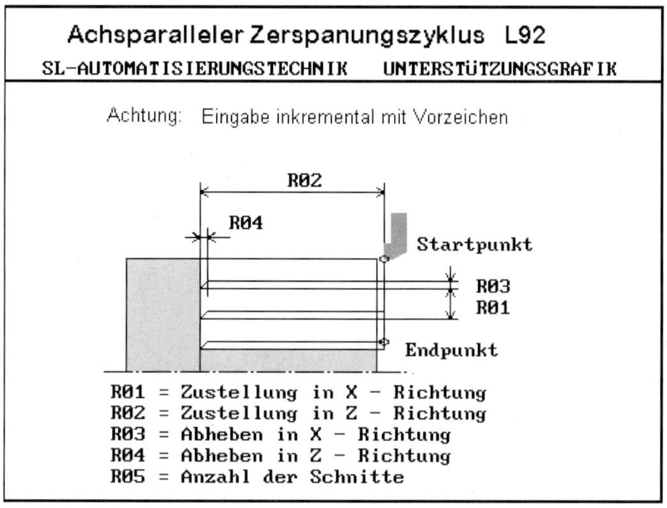

Drehen des Zapfens mit Abspanzyklus

Satz-Nr.	Wegbedingung	Koordinaten X	Y	Z	R	Parameter I	J	K	Vorschub	Spindeldrehzahl	Werkzeug	Zusatzfunktion
N 10	G53 G96									S3000	T01	M06
N 20	G53 G90											
N 30		X51		Z0					F04	S1120		M04 M08
N 40		X50										
N 50	G01	X-2										
N 60												
N 70	L92	R01-4 R02-50 R031 R041 R053										
N 80	G00	X400		Z400								M05 M09
N 90												M30

Aufgabe

Auf einen Zapfen aus C45 ist das Gewinde M24 anzudrehen. Die Bearbeitung erfolgt mit „Drehen hinter Mitte". Es wird ein HM-Gewindedrehmeißel, Werkzeugnummer T05, benutzt. Für die Zerspanung soll ein Gewindedrehzyklus eingesetzt werden. Die Schnittgeschwindigkeit wird mit v_c = 120m/min festgelegt.

a. Ermitteln Sie den Vorschub f.

b. Bestimmen Sie a_p, wenn das Gewinde mit 10 Schnitten gefertigt werden soll.

b. Erstellen Sie das NC-Programm.

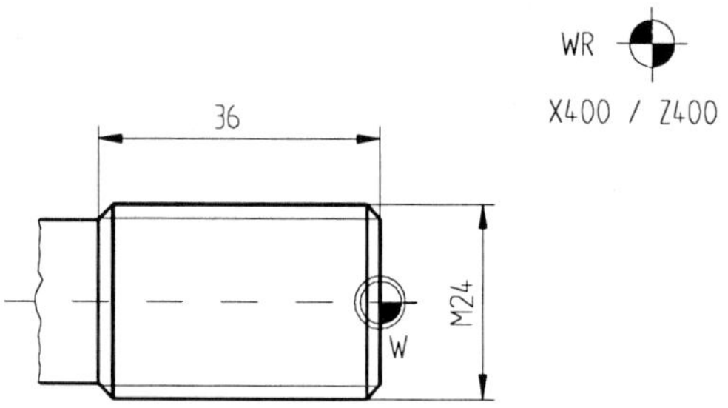

a. $P = 3mm$ **M2** $f = P = 3mm$

b. $\boxed{h_3 = 0{,}6134 * P}$ **M2** berechnete Gewindetiefe

$h_3 = 0{,}6134 * 3mm = \mathbf{1{,}84mm}$

oder $h_3 = 1{,}840mm$ **M2** Tabellenwert

$$\boxed{a_p = \frac{h_3}{i}}$$

$a_p = \frac{1{,}84mm}{10} = \mathbf{0{,}184mm \approx 0{,}2mm}$ Damit ergeben sich 9 Trennschnitte und 1 Glättschnitt.

c. Gewindedrehzyklus nach SL-Simulationsprogramm Drehen-Neutral, Version 7.0 (1993)

IIISLIII - UNTERSTÜTZUNG

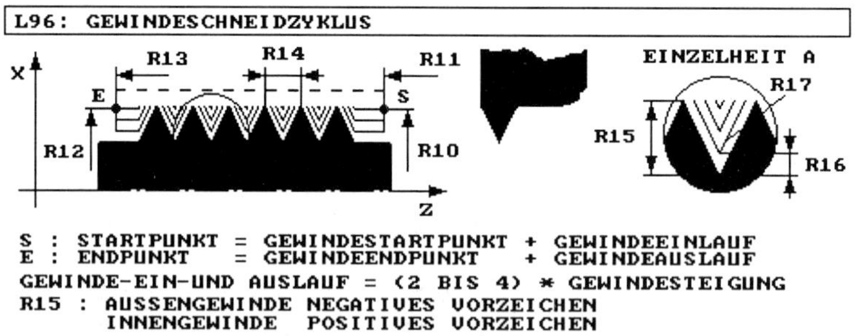

Anfangspunkt in x R10	Gewindetiefe R15 . . . .
Anfangspunkt in z R11	Schlichtaufmaß R16 . . . .
Endpunkt in x R12	Anzahl der Schruppschnitte R17 . . . .
Endpunkt in z R13	Anzahl der Leerschnitte R18 . . . .
Gewindesteigung R14	Radius = 1, Durchmesser = 2 R19 . . . .

Gewindedrehen mit Zyklus L96

Satz-Nr.	Wegbedingung	Koordinaten X	Y	Z	R	Parameter I	J	K	Vorschub	Spindeldrehzahl	Werkzeug	Zusatzfunktion
N 10	G92									S1600		
N 20	G00 G53	X400		Z400								
N 30	G54										T05	M06
N 40	G95											M03 M08
N 50	G00	X24		Z9								
N 60	G01	X24		Z0								
N 70	L96	R1024 R113 R1224 R13-36 R143 R15-1 R1710 R1811 R192										
N 80	G00	X400		Z400								M09
N 90												M30

Aufgabe

An ein vorgeschmiedetes Werkstück aus C15 soll eine Kontur angedreht werden. Durch das Vorschmieden im Gesenk ist nur ein Schnitt notwendig. Der linke Zapfen ist fertig bearbeitet und dient zum Einspannen des Werkstükkes. Die Werkstoffzugabe beträgt im Mittel 2mm und die Bearbeitung wird mit einem HM-Werkzeug T01 durchgeführt. Es wird eine Rauheit von $R_z \approx 2{,}5\ \mu m$ gefordert. Der Drehvorgang erfolgt mit einer konstanten Schnittgeschwindigkeit. Die Drehzahlbegrenzung soll 3000 min^{-1} betragen. Der Werkzeugeckenradius wird mit 0,8mm angegeben.

a. Ermitteln Sie die Zerspanungsdaten. Bei der Wahl der Umdrehungsfrequenz ist die Reihe R20/3 zugrunde zu legen.
b. Berechnen Sie die Konturpunkte für das NC-Programm.
c. Schreiben Sie das NC-Programm.

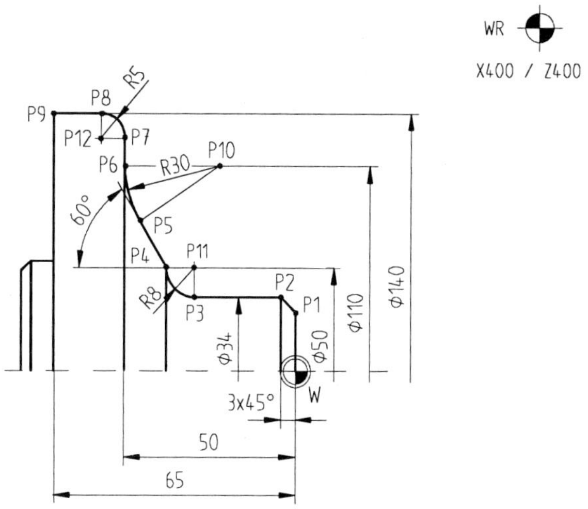

a. Zerspanungsgruppe 1 **F30** Werkstoff C15

$$\boxed{R_Z \approx \frac{f^2}{8*r}} \quad \textbf{F32} \qquad f^2 \approx R_z*8*r \qquad f \approx \sqrt{R_z*8*r}$$

$$f \approx \sqrt{2{,}5\mu m*8*0{,}8mm*\frac{1mm}{1000\mu m}} = \mathbf{0{,}126mm} \qquad \text{gewählt: } f = 0{,}1mm$$

$$a_p = 2mm \qquad f = 0{,}1mm \qquad v_c = 420\frac{m}{min} \quad \textbf{F32} \quad \text{Zerspanungsdaten}$$

$$\boxed{v_c = d*n*\pi} \quad \textbf{F28} \qquad n = \frac{v_c}{d*\pi}$$

$$n = \frac{420\frac{m}{min}*1000\frac{mm}{m}}{140mm*\pi} = \mathbf{954\frac{1}{min}} \qquad \text{gewählt: } n = 1000\frac{1}{min} \quad \textbf{F11}$$

b. Die Konturpunkte P0, P1, P2 P6, P7, P8, P9, P10, P12 sind sofort aus der Zeichnung ablesbar.

Punkt P5: Berechnung des Winkels α:

$$\boxed{\alpha + \beta + \gamma = 180°} \quad \textbf{G5} \qquad \alpha = 180° - 60° - 90° = 30°$$

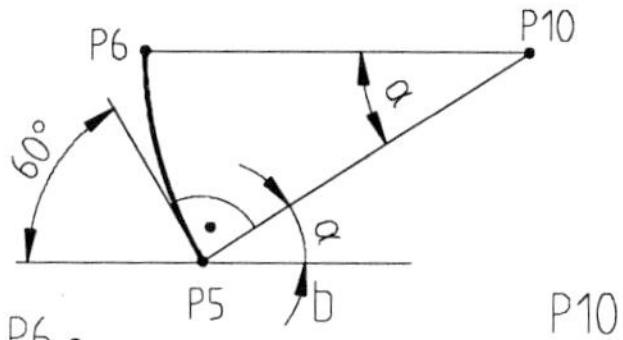

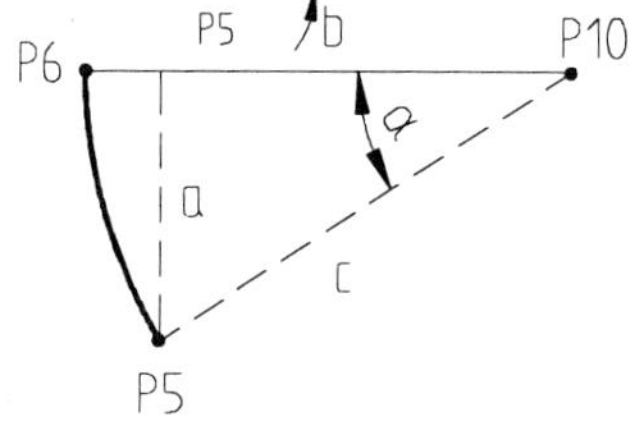

$$\boxed{\sin\alpha = \frac{a}{c}} \quad \textbf{G5} \qquad a = c*\sin\alpha$$

$$a = 30mm*\sin 30° = \mathbf{15mm}$$

$$\boxed{\cos\alpha = \frac{b}{c}} \quad \textbf{G5} \qquad b = c*\cos\alpha$$

$$b = 30mm*\cos 30° = \mathbf{25{,}98mm}$$

$$\boxed{X_{P5} = X_{P6} - 2*a} \qquad X_{P5} = 110mm - 2*15mm = \mathbf{80mm}$$

$$\boxed{Z_{P5} = Z_{P6} + (R - b)} \qquad Z_{P5} = -50mm + (30mm - 25{,}98mm) = \mathbf{-45{,}98mm}$$

Punkt P4:

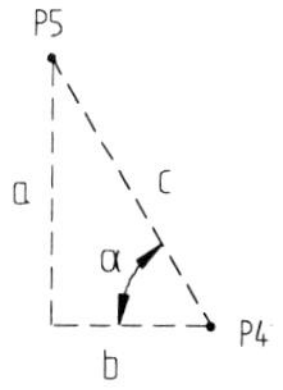

$$\boxed{a = \frac{X_{P5} - X_{P4}}{2}} \qquad a = \frac{80mm - 50mm}{2} = \mathbf{15mm}$$

$$\boxed{\tan\alpha = \frac{a}{b}} \quad \textbf{G5} \qquad b = \frac{a}{\tan\alpha} \qquad b = \frac{15mm}{\tan 60°} = \mathbf{8{,}66mm}$$

zu b.

$\boxed{Z_{P4} = Z_{P5} + b}$ $\qquad X_{P4} = \mathbf{50mm}$

$Z_{P4} = -45{,}98mm + 8{,}66mm b = \mathbf{-37{,}32mm}$

Punkt P11:

$\boxed{X_{P11} = X_{P4}}$ $\qquad X_{P11} = \mathbf{50mm}$

$\boxed{Z_{P11} = Z_{P4} + R}$ $\qquad Z_{P11} = -37{,}32mm + 8mm = \mathbf{-29{,}32mm}$

Punkt P3:

$\boxed{X_{P3} = X_{P2}}$ $\qquad X_{P3} = \mathbf{24mm}$

$\boxed{Z_{P3} = Z_{P11}}$ $\qquad Z_{P3} = \mathbf{-29{,}32mm}$

Koordinatentabelle nach Berechnungen

Punkt/Koordinate	X	Z
P0	0	0
P1	28	0
P2	34	-3
P3	34	-29,32
P4	50	-37,32
P5	80	-45,98
P6	110	-50

Punkt/Koordinate	X	Z
P7	130	-50
P8	140	-55
P9	140	-65
P10	110	-20
P11	50	-29,32
P12	130	-55

c. Lösungsvorschlag mit DIN-Programmierung **F73...F75**

Satz-Nr.	Wegbedingung	Koordinaten X	Y	Z	R	Parameter I	J	K	Vorschub	Spindeldrehzahl	Werkzeug	Zusatzfunktion
N 10	G00 G53	X400		Z400								
N 20	G53										T01	M06
N 30	G96								F0.1	S80		M04 M08
N 40	G00	X40		Z0.2								
N 50	G01	X-1.6										
N 60		X0		Z0								
N 70		X28										
N 80		X34		Z-3								
N 90				Z-29.321								
N100	G02	X50		Z-37.321		I8		K0				
N110	G01	X80		Z-45.98								
N120	G02	X110		Z-50		I15		K25,98				
N130	G01	X130										
N140	G03	X140		Z-55		I0		K-5				
N150	G01			Z-65								M05 M09
N160												M30

Lösungsvorschlag mit Sinumerik 820T-Programmierung

Satz-Nr.	Wegbedingung	Koordinaten X	Y	Z	R	Parameter I	J	K	Vorschub	Spindeldrehzahl	Werkzeug	Zusatzfunktion
N 10	G92									S2000		
N 20	G53 G00	X400		Z400								
N 30	G54										T01	M04
N 40	G96								F0.2	S100		
N 50	G00	X38		Z0.2	(Positionieren)							
N 60	G01	X-1.6										
N 70	G00	X0		Z1								
N 80	G01			Z0								
N 90		X34 B-3										
N100				Z-29.321								
N110	G02	X50		Z-37.321		I8		K0				
N120	G01	A120 B30 A90 X110 Z-50 (Vierpunktekonturzug)										
N130		X140 B5										
N140				Z-71								
N150												M30

Vierpunktekonturzug: A = Winkelangabe, B = Radius, X, Z = Zielkoordinaten

Aufgabe

Innerhalb einer Serienfertigung werden die abgebildeten Gabelköpfe mit einer Paßbohrung ∅ 30^{H7} für einen Verbindungsbolzen gefertigt und geprüft. Hierzu werden k = 4 Stichproben im Umfang von n = 5Stück gezogen. Bei der Prüfung der Teile werden die unten aufgelisteten Maße gemessen.
Ermitteln Sie die Kennwerte $\bar{x}$, R, $\bar{\bar{x}}$, $\bar{R}$ und schätzen Sie die Standardabweichung s ab.

Umfang/Stichprobe	1	2	3	4
1	30,000	30,020	30,004	30,015
2	30,010	30,006	30,022	30,024
3	30,008	30,018	30,015	30,026
4	30,011	30,007	30,012	30,020
5	30,009	30,010	30,017	30,017

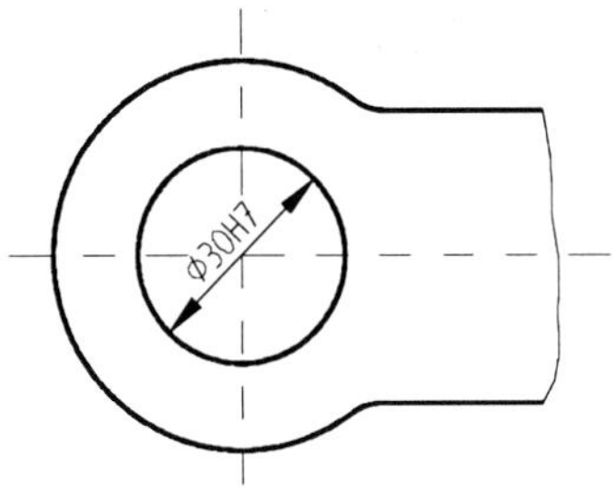

$$\bar{x} = \frac{x_1 + x_2 + ... + x_{n_1}}{n_1}$$ **F84** arithmetischer Mittelwert

$$\bar{x}_1 = \frac{30{,}000 + 30{,}010 + 30{,}008 + 30{,}011 + 30{,}009}{5} mm = \mathbf{30{,}0076mm}$$

analog $\bar{x}_2 = 30{,}012mm$
$\bar{x}_3 = 30{,}014mm$
$\bar{x}_4 = 30{,}020mm$

$$\bar{\bar{x}} = \frac{\bar{x}_1 + \bar{x}_2 + ... + \bar{x}_{n_2}}{n_2}$$ **F84** Gesamtmittelwert

$$\bar{\bar{x}} = \frac{30{,}0076 + 30{,}012 + 30{,}014 + 30{,}020}{4} mm = \mathbf{30{,}0134mm}$$

$$R = x_{max} - x_{min}$$ **F84** Spannweite

$$R_1 = 30{,}011mm - 30{,}000mm = \mathbf{0{,}011mm}$$

analog $R_2 = 0{,}014mm$
$R_3 = 0{,}010mm$
$R_4 = 0{,}009mm$

$$\bar{R} = \frac{R_1 + R_2 + ... + R_{n_2}}{n_2}$$ **F84** Mittlere Spannweite

$$\bar{R} = \frac{0{,}011 + 0{,}014 + 0{,}010 + 0{,}009}{4} mm = \mathbf{0{,}011mm}$$

$$s = \frac{\bar{R}}{2{,}326}$$ **F84** Stichprobenstandardabweichung

$$s = \frac{0{,}011mm}{2{,}326} = \mathbf{0{,}00473mm}$$

Aufgabe

Ein Kunde führt für die Lieferung von 250 Gabelköpfen eine Annahmestichprobe durch. Kontrolliert wird die Bohrung ∅ 30^{H7} mit einem Grenzlehrdorn. Zwischen Kunde und Lieferant war eine AQL von 0,65 vereinbart.
a. Beschreiben Sie die Durchführung der Stichprobenprüfung.
b. Würde das Los angenommen werden, wenn die oben angegebenen Stichproben gezogen werden ?

a. *20 / 0* **F84** bei AQL 0,65 und Losgröße von 250 Stück

Bei einer annehmbaren Qualitätsgrenzlage von 0,65 ist ein Stichprobenumfang von 20 Teilen zu erfassen. Die Annahmezahl beträgt hierbei 0 Teile, d. h. alle gezogenen Gabelköpfe müssen fehlerfrei sein.

b. $ES = +21\mu m, EI = 0\mu m$ **Z32** Abmaße für $\varnothing\ 30^{H7}$

Das Los wird nicht angenommen, da der 3. Wert der 4. Stichprobe ($\varnothing$ 30.026mm) über dem Höchstmaß von $\varnothing$ 30,021mm liegt. Der Lieferant muß die gesamten 250 Gabelköpfe zurücknehmen.

Aufgabe

Aufgrund der Rücknahme des Loses wird firmenintern geprüft, ob mittels eines Qualitätskontrollsystems die fehlerhafte Sendung hätte vermieden werden können.

a. Erstellen Sie dazu eine $\bar{x}$-Qualitätsregelkarte aus den oben aufgelisteten Stichproben und deren Berechnungen. Aus einem Vorlauf ergaben sich für $\bar{\bar{x}} = 30{,}013mm$ und für $\bar{R} = 0{,}010mm$.

b. Welche Schlüsse lassen sich aus dem Verlauf der $\bar{x}$-Qualitätsregelkarte ziehen ?

a. $OEG = \bar{\bar{x}}_{Vorlauf} + 0{,}577 * \bar{R}_{Vorlauf}$ **F84** Obere Eingriffsgrenze

$OEG = 30{,}013mm + 0{,}577 * 0{,}010mm = \mathbf{30{,}0187mm}$

$UEG = \bar{\bar{x}}_{Vorlauf} - 0{,}577 * \bar{R}_{Vorlauf}$ **F84** Untere Eingriffsgrenze

$UEG = 30{,}013mm - 0{,}577 * 0{,}010mm = \mathbf{30{,}0072mm}$

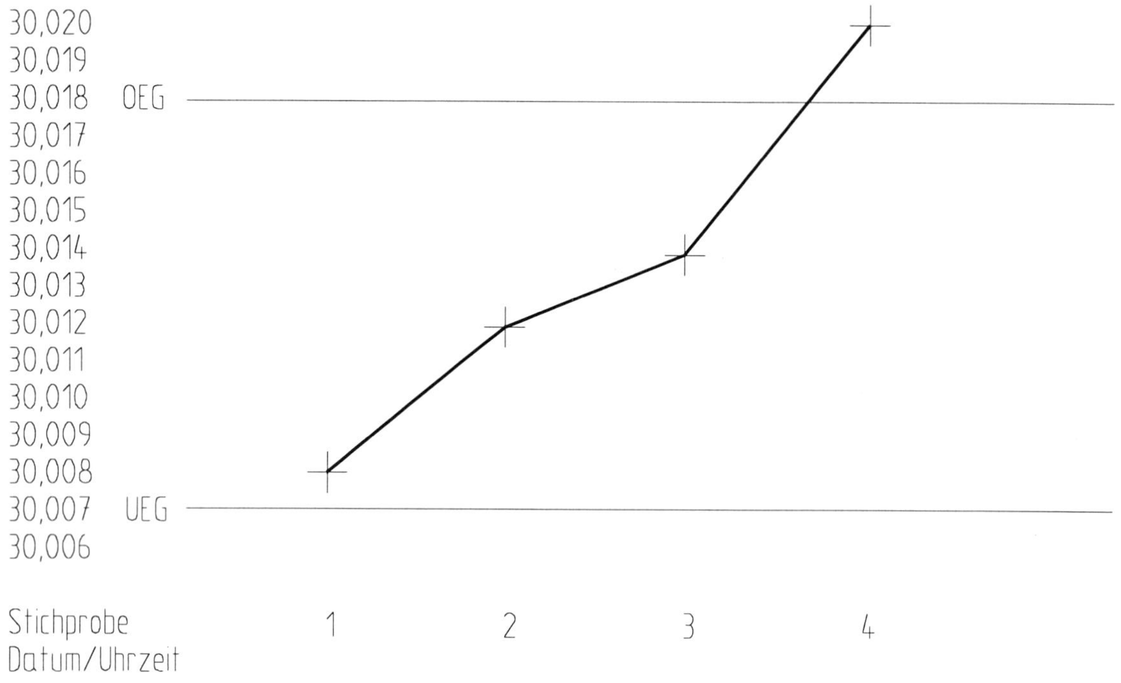

b. Der Fertigungsprozeß unterliegt einem systematischen Einfluß. Es ist ein steigender Trend (**F84**) erkennbar, der untersucht werden muß. Bei der 4. Stichprobe wird außerdem die Eingriffsgrenze verletzt. Alle Teile, die nach der 3. Stichprobe produziert wurden, müssen demzufolge kontrolliert werden.

Mit Hilfe einer $\bar{x}$-Qualitätsregelkarte wäre das fehlerhafte Teil in der 4. Stichprobe entdeckt worden. Das versandte Los hätte keine fehlerhaften Teile beinhaltet. Damit wären die Kosten für den Hin- und Rücktransport sowie die nachfolgende Kontrolle eingespart worden.

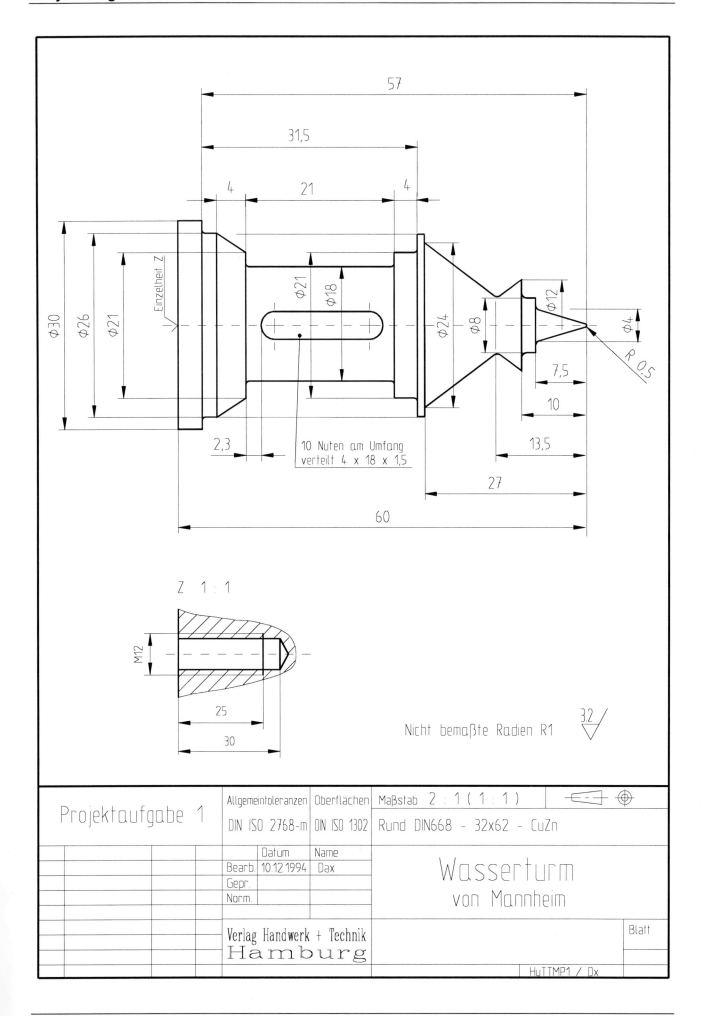

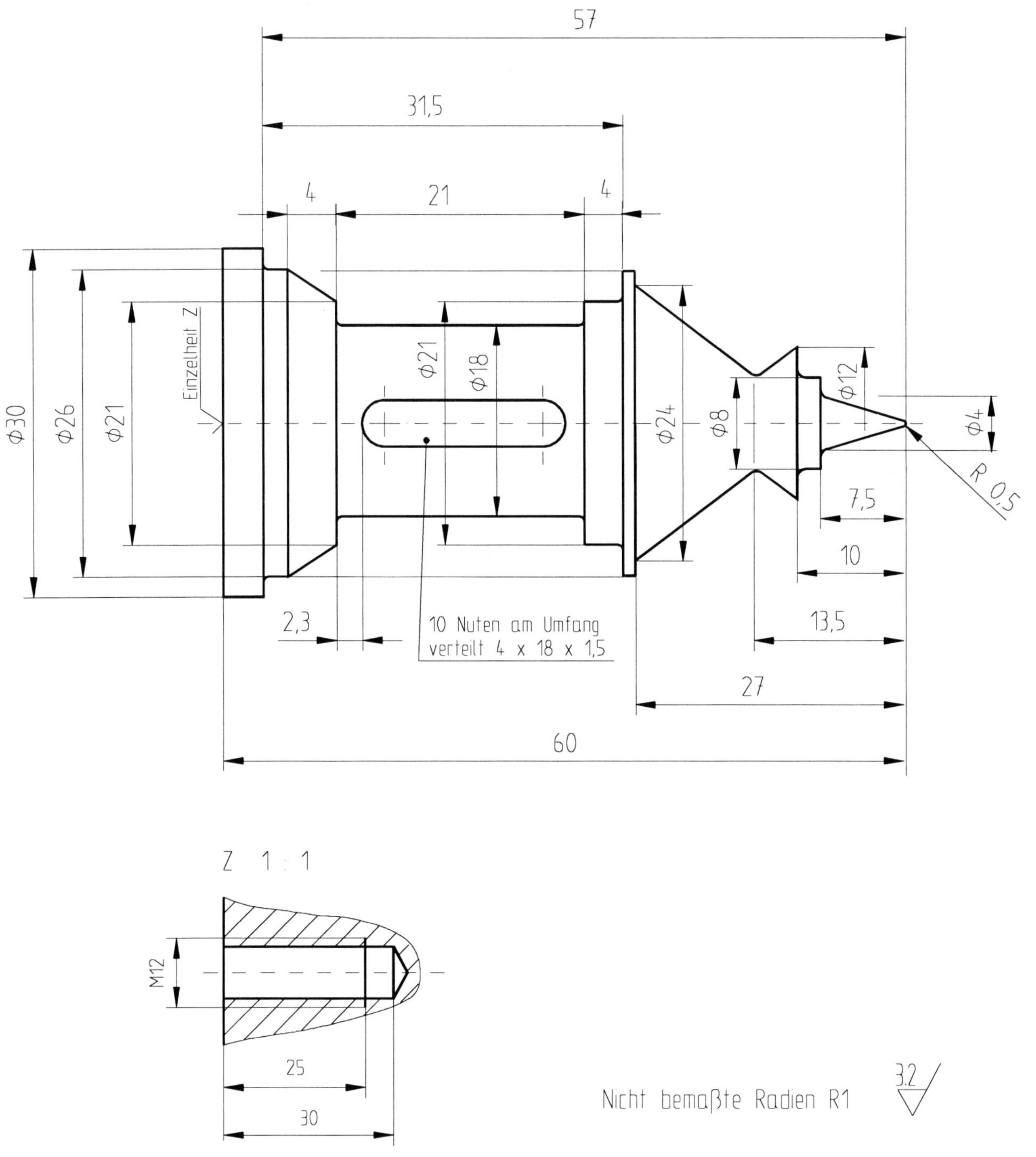

Projektaufgabe 1	Allgemeintoleranzen DIN ISO 2768-m	Oberflächen DIN ISO 1302	Maßstab 2 : 1 (1 : 1) Rund DIN668 - 32x62 - CuZn
	Datum	Name	Wasserturm von Mannheim
Bearb.	10.12.1994	Dax	
Gepr.			
Norm.			
Verlag Handwerk + Technik Hamburg			Blatt
		HuTTMP1 / Dx	

8.1 Wasserturm

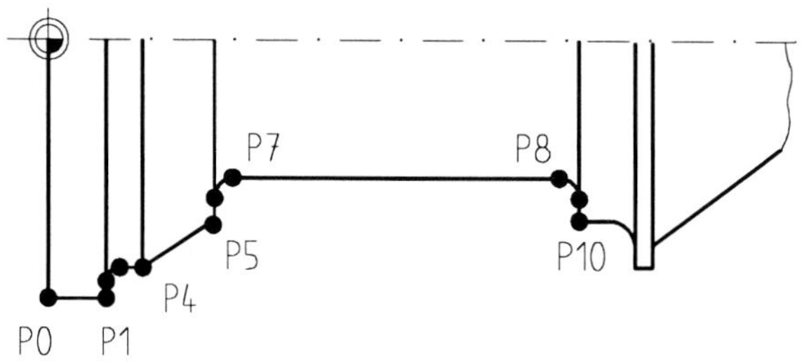

Aufgabe

1. Bestimmen Sie für ein NC-Programm die Konturpunkte P0 ... P10 in ihren X- und Z-Koordinaten und tragen Sie diese in eine Wertetabelle ein.

Punkt/Koordinate	X	Z
P0	30	0
P1	30	3
P2	28	3
P3	26	4
P4	26	5.5
P5	21	9.5
P6	20	9.5
P7	18	10.5
P8	18	29.5
P9	20	30.5
P10	21	30.5

2. Im Mittelteil des Wasserturms sollen 10 Nuten mit einem Schaftfräser eingefräst werden. Die Nutabmes-sung beträgt 4 x 18 x 1,5mm. Mit Hilfe eines Teilapparates (i = 40:1) soll der Verdrehwinkel erzeugt werden. Bestimmen Sie die Teilkurbelumdrehungen je Fräsvorgang.

$\boxed{n_K = \frac{i}{T}}$ **F37**

$n_K = \frac{40}{10} = \mathbf{4}$ 4 ganze Umdrehungen, Teilscheibe beliebig

3. Das Drehteil (Wasserturm) soll aus einer CuZn-Legierung hergestellt werden. Die Bearbeitung erfolgt mit einem HSS-Werkzeug, wobei eine Zerspankraft F_c von 6750N wirkt. Der Wirkungsgrad des Getriebes beträgt 86% und der des Riementriebes 92%.

3.1 Bestimmen Sie die Schnittdaten f und v_c.

3.2 Berechnen Sie aus den gewählten Daten die Umdrehungsfrequenz bezogen auf die Durchmesser 30mm und 18mm. Bestimmen Sie die Grenzumdrehungsfrequenz für das Quer-Plandrehen.

3.3 Berechnen Sie die Zerspanleistung an der Drehmeißelschneide in kW.

3.4 Bestimmen Sie die hierfür erforderliche Motoraufnahmeleistung in kW.

3.1 $f = 0{,}2mm$ **F32** gilt für Schruppen und Schlichten

$v_c = 125\frac{m}{min}$

3.2 $\boxed{v_c = d*n*\pi}$ **G20/F28** $n = \frac{v_c}{d*\pi}$

$$n = \frac{125\frac{m}{min}*1000\frac{mm}{m}}{18mm*\pi} = \mathbf{2210\frac{1}{min}}$$ für Durchmesser 18mm

$$n = \frac{125\frac{m}{min}*1000\frac{mm}{m}}{30mm*\pi} = \mathbf{1326\frac{1}{min}}$$ für Durchmesser 30mm

Grenzumdrehungsfrequenz: $n = \mathbf{3000min^{-1}}$

3.3 $\boxed{P_c = F_c*v_c}$ **G26/F28**

$$P_c = 6750N*125\frac{m}{min} = 843750\frac{Nm}{min}*\frac{1min}{60s} = \mathbf{14062W} = \mathbf{14{,}06kW}$$

3.4 $\boxed{P_{zu} = \frac{P_c}{\eta}}$ **F28**

$\boxed{\eta_{ges} = \eta_1 * \eta_2}$ **G25**

$$P_{zu} = \frac{14{,}06kW}{0{,}86*0{,}92} = \mathbf{17{,}77kW}$$

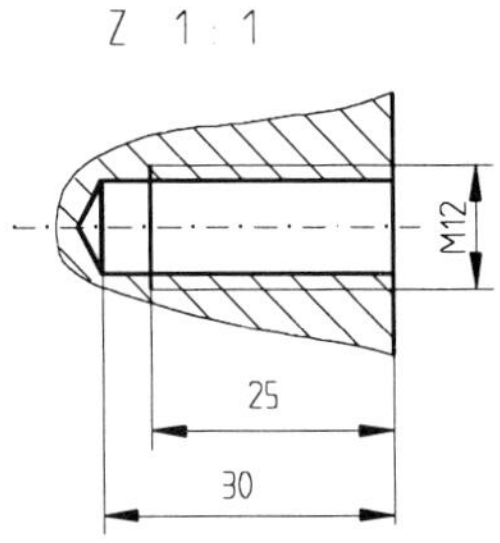

4. Erstellen Sie einen Arbeitsplan für die Fertigung der Wasserturmbodenfläche mit der Gewindebohrung M12. Die Werkzeuge sind mit ihrer Kodierung (z. B. T01) in den Arbeitsplan einzutragen und in einem getrennten Werkzeugplan näher anzugeben.

Arbeitsplan

Nr.	Beschreibung	Maschine	Spannmittel	Schnittdat.	Werkzeug	Prüfmittel	Bemerkung
1	Prüfen Rohmaße	-	-	-	-	Meß-schieber	-
2	Einspannen, Ausrichten	Drehmaschine	Dreibackenf., harte Backen	-	Gummihammer	Meßuhr	-
3	Quer-Plandrehen	-"-	-"-	*f = 0,2mm* v_c*=530min*$^{-1}$	T01	-	*n≤3000min*$^{-1}$ **F32**
4	Zentrieren	-"-	Spannzange	*f = 0,22mm* v_c*=32min*$^{-1}$	T02	-	**F36**
5	Bohren Kernloch	-"-	Bohrfutter	*f = 0,28mm* v_c*=63min*$^{-1}$	T03	-	**F36**
6	Ansenken Kernloch	-"-	Bohrfutter	*f = 0,5mm* v_c*=10min*$^{-1}$	T04	-	**F36**
7	Prüfen Kernlochtiefe	-	-	-	-	Meß-schieber	Luft
8	Bohren Gewinde M6	Drehmaschine	Bohrfutter	*f = 0,5mm* v_c*=20min*$^{-1}$	T05	-	**F36**
9	Prüfen Gewinde	-	-	-	-	Gewindelehrdorn	-
10	Umspannen, Kontrolle	-	-	-	-	Sichtkontrolle	-

Werkzeugplan

Nr.	Beschreibung	Schneidstoff	Abmessung	Aufnahme	Vermessung	Bemerkung
T01	(Abgesetzter) Stirndrehmeisel ISO 5	HW-M10 *)	DIN 4977	Revolver	-	**F25**
T02	Zentrierbohrer, Form A	HSS	A4x10 DIN333	Spannzange	-	**Z47**
T03	Bohrer	HSS	∅ 10,2mm	Bohrfutter	-	**F35**
T04	Kegelsenker, Form C	HSS	90° - ∅ 20mm	Bohrfutter	-	-
T05	Gewindebohrer	HM	M12	Bohrfutter	-	-

*) Bei zu großer Umdrehungsfrequenz kann auch ein HSS Schneidstoff mit v_c = 125 m/min gewählt werden

5. Führen Sie ausschnittsweise eine Kostenrechnung zur Festlegung der Maschinenkosten für die Fertigung von Wasserturm-Bauteilen durch. Hierzu liegen nachfolgende Daten vor:

NC-Maschine Wiederbeschaffungswert	127000 DM
Lebensdauer	8 Jahre
Anfallende Zinsen	5,5%
Maschinenauslastung pro Jahr	1200 h/Jahr
Maschinenaufnahmeleistung	6,5 kW
Strompreis	0,15 DM/kWh
Raumkosten pro m² und Monat	10,50 DM/m²•mtl
Platzbedarf für die Maschine	15m²
Wartungsarbeiten	2% der Wiederbeschaffung
Lohnkosten	27,50 DM/h
Lohngemeinkosten	60% der Lohnkosten

a. Berechnen Sie die Maschinenkosten.
b. Ermitteln Sie den Maschinenstundensatz und die Arbeitsplatzkosten.

a.

$$KA = \frac{Wiederbeschaffungswert}{Abschreibungszeit}$$ **F3** $$KA = \frac{127000DM}{8Jahre} = \mathbf{15875\frac{DM}{Jahr}}$$

$$KZ = \frac{Wiederbeschaffungswert}{2} * \frac{Kal.Zinssatz}{100}$$ **F3** $$KZ = \frac{127000DM}{2} * \frac{5{,}5\frac{\%}{Jahr}}{100\%} = \mathbf{3492{,}50\frac{DM}{Jahr}}$$

$$KR = Fläche * \frac{Kosten}{Fläche * Zeit} * Zeit$$ **F3**

$$KR = 15m^2 * 10{,}50\frac{DM}{m^2 * Monat} * 12\frac{Monat}{Jahr} = \mathbf{1890\frac{DM}{Jahr}}$$

$$KE = Anschlußwert * Strompreis * Zeit$$ **F3** $$KE = 6{,}5kW * 0{,}15\frac{DM}{kWh} * 1200\frac{h}{Jahr} = \mathbf{1170\frac{DM}{Jahr}}$$

$$KI = Anschaffungswert * \frac{Instandhaltungssatz}{100}$$ **F3**

$$KI = 127000DM * \frac{2\frac{\%}{Jahr}}{100\%} = \mathbf{2540\frac{DM}{Jahr}}$$

$$Maschinenkosten = KA + KZ + KR + KE + KI$$ **F3**

$$Maschinenkosten = (15875 + 3492{,}50 + 1890 + 1170 + 2540)\frac{DM}{Jahr} = \mathbf{24967{,}50\frac{DM}{Jahr}}$$

b.

$$Maschinenstundensatz = \frac{Maschinenkosten}{Nutzungszeit}$$ **F3**

$$Maschinenstundensatz = \frac{24967{,}50\frac{DM}{Jahr}}{8Jahr * 1200\frac{h}{Jahr}} = \mathbf{20{,}80\frac{DM}{h}}$$

$$Lohngemeinkosten = Lohn * \frac{Gemeinkostensatz}{100}$$

$$Lohngemeinkosten = 27{,}50\frac{DM}{h} * \frac{60\frac{\%}{h}}{100\%} = \mathbf{16{,}50\frac{DM}{h}}$$

$$Arbeitsplatzkosten = Maschinenstundensatz + Lohn + Lohngemeinkosten$$ **F3**

$$Arbeitsplatzkosten = (20{,}80 + 27{,}60 + 16{,}50)\frac{DM}{h} = \mathbf{64{,}90\frac{DM}{h}}$$

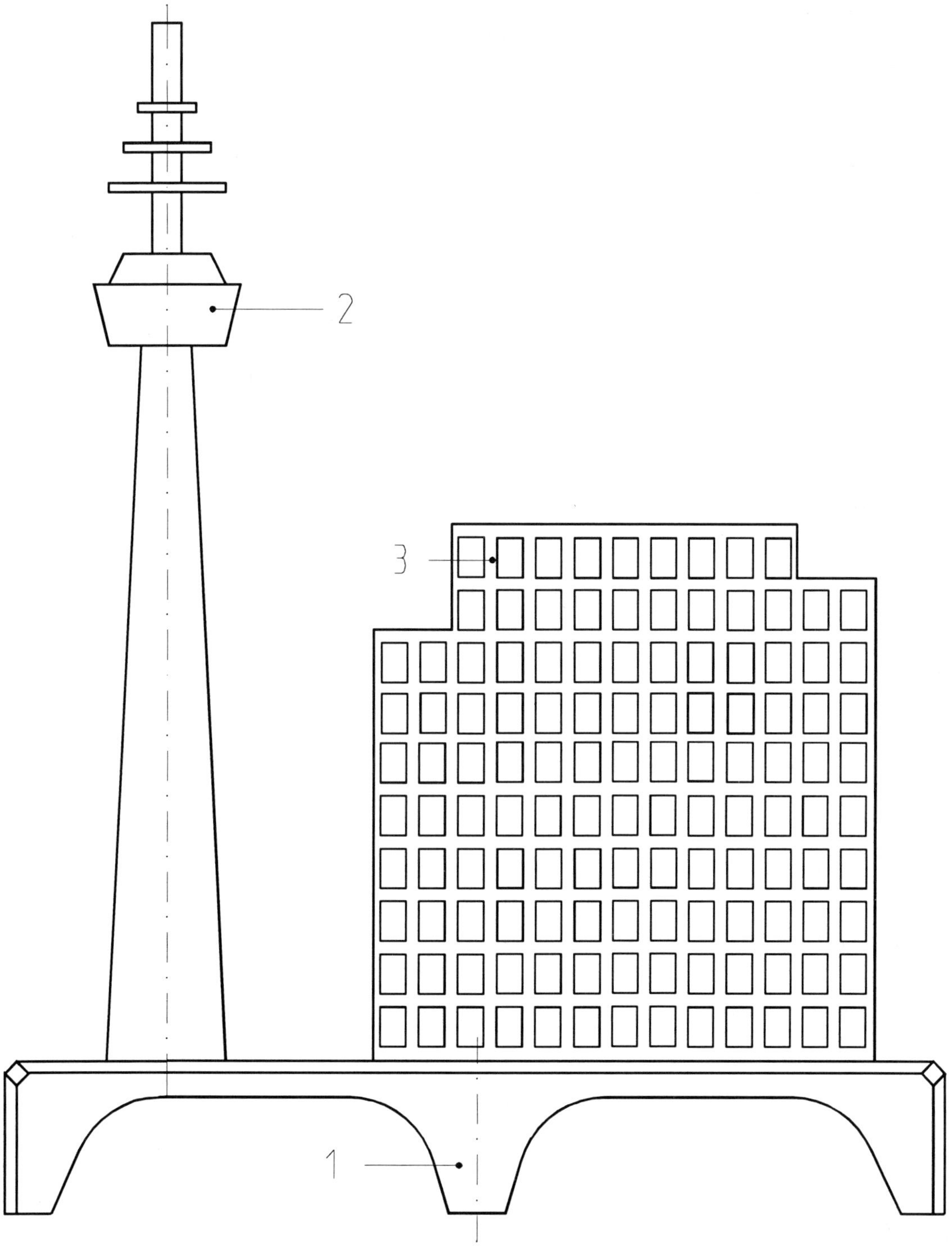

Projektaufgabe 2	Allgemeintoleranzen DIN ISO 2768-m	Oberflächen DIN ISO 1302	Maßstab 1 : 1	
		Datum	Name	Stadtansicht von Mannheim
	Bearb.	10.12.1994	Dax	
	Gepr.			
	Norm.			
3 Collini-Center	Verlag Handwerk + Technik Hamburg			Blatt
2 Fernsehturm				
1 Kurpfalzbrücke			HuTTMP2 / Dx	

8.2 Stadtansicht von Mannheim

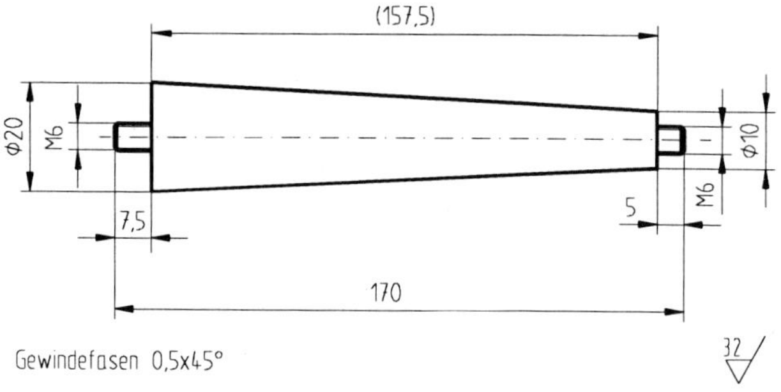

Aufgabe

1. Die Säule des Fernsehturms wird aus der Aluminium-Legierung, Rund DIN 668 - 22x172 - AlMg1 gefertigt.
   1.1 Berechnen Sie die Kegelverjüngung C.
   1.2 Ermitteln Sie die erforderliche Reitstockverstellung v_R.
   1.3 Überprüfen Sie, ob eine Reitstockverstellung zulässig ist.

1.1 $\boxed{C = \frac{D-d}{L}}$ **F33**

$$C = \frac{20mm - 10mm}{157{,}5mm} = \frac{10}{157{,}5} = \mathbf{1:15{,}75}$$

1.2 $\boxed{v_R = \frac{C * L_w}{2}}$ **F33**

$$v_{R\,erforderlich} = \frac{\frac{1}{15{,}75} * 170mm}{2} = \mathbf{5{,}39mm}$$

1.3 $\boxed{v_{R_{max}} = \frac{L_w}{50}}$ **F33**

$$v_{R_{max}} = \frac{170mm}{50} = \mathbf{3{,}4mm}$$

$v_{R_{erforderlich}} > v_{R_{max}}$ Da Reitstockverstellung zu groß wäre, ist dieses nicht möglich.

2. Für die Konturpunkte P0 ... P2 eines Brückenpfeilers der Kurpfalzbrücke sollen die X- und Y-Koordinatenwerte berechnet werden. Stellen Sie die Ergebnisse in einer Koordinatenwertetabelle zusammen.

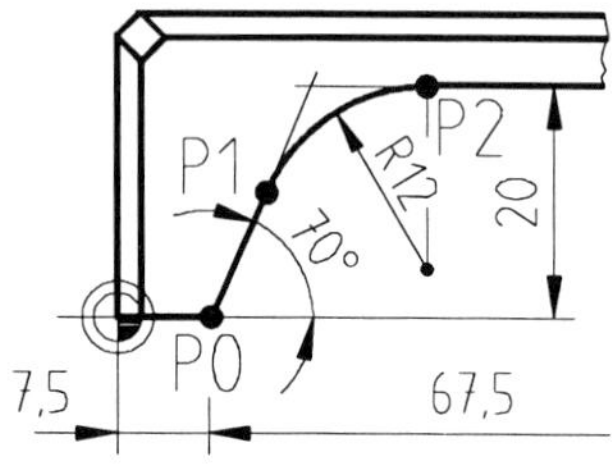

$\boxed{\sin\alpha = \frac{a}{c}}$ **G5**

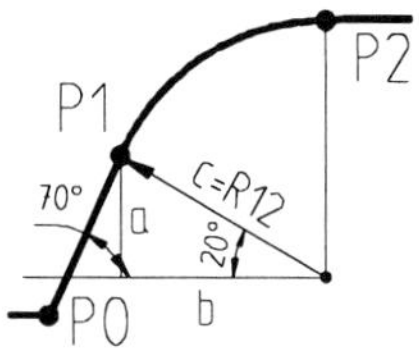

$$a = c * \sin\alpha$$

$$a = 12mm * \sin 20° = \mathbf{4{,}10mm}$$

$\boxed{Y_{P1} = 20mm - 12mm + a}$

$$Y_{P1} = 20mm - 12mm + 4{,}1mm = \mathbf{12{,}1mm}$$

$\boxed{\tan\alpha = \frac{a}{b}}$ **G5** $b = \frac{a}{\tan\alpha}$

$$b = \frac{4{,}1mm}{\tan 20°} = \mathbf{11{,}26mm}$$

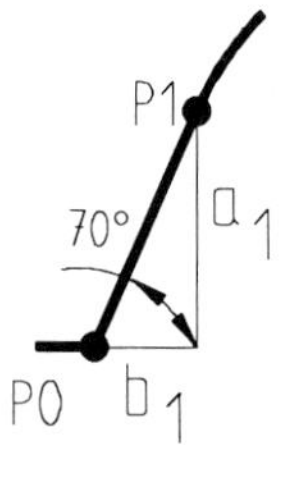

$\boxed{\tan\alpha = \frac{a_1}{b_1}}$ **G5** $b_1 = \frac{a_1}{\tan\alpha}$

$$b_1 = \frac{12{,}1mm}{\tan 70°} = \mathbf{4{,}4mm}$$

$\boxed{X_{P1} = 7{,}5mm + b_1}$ $X_{P1} = 7{,}5mm + 4{,}4mm = \mathbf{11{,}9mm}$

$\boxed{X_{P2} = 7{,}5mm + b_1 + b}$ $X_{P2} = 7{,}5mm + 4{,}4mm + 11{,}26mm = \mathbf{23{,}16mm}$

Punkt/Koordinate	X	Y
P0	7,5	0
P1	11,9	12,1
P2	23,16	20

3. Das Collini-Center wird mit zwei Zylinderschrauben DIN 912 - M6x10 - 4.6 befestigt. Der Fernsehturm wird mit einem M6 Gewinde in das Brückenprofil eingeschraubt. Die Kurpfalzbrücke wird aus U-Profil, DIN 1026 - [65x165 - S235JRG1 (USt37-2) gefertigt. Berechnen Sie die Betriebsmittelhauptnutzungszeit zum Bohren der 3 Gewindekernlochbohrungen in das U-Profil.

Zerspanungsgruppe 2	**F30**	Werkstoff S235JRG1 (USt37-2)
$v_c = 32 \frac{m}{min}$	**F36**	
$f = 0{,}08mm$	**F36**	Richtwertreihe 06, bei ∅ 4,9mm
$D_1 = 5mm$	**M1**	Kernlochdurchmesser für M6
$s = 5{,}5mm$	**W14**	Stegbreite des U-Profiles
$\boxed{L = l_w + l_s + l_a + l_ü}$	**F6**	$l_a = l_ü = 2mm$
$\boxed{l_s = 0{,}3*d}$	**F6**	$l_s = 0{,}3*5mm = \mathbf{1{,}5mm}$

$$L = 5{,}5mm + 1{,}5mm + 2mm + 2mm = \mathbf{11mm}$$

$$\boxed{t_h = \frac{d*\pi*L*i}{v_c*f}}$$ **F6** bei stufenloser Umdrehungsfrequenzeinstellung

$$t_h = \frac{5mm*\pi*11mm*3}{32\frac{m}{min}*1000\frac{mm}{m}*0{,}08mm} = \mathbf{0{,}202min}$$

oder $$\boxed{t_h = \frac{L*i}{n*f}}$$ **F6** bei festen Umdrehungsfrequenzstufen

$$n = 2000\frac{1}{min}$$ **F12** aus Diagramm

$$t_h = \frac{11mm*3}{2000\frac{1}{min}*0{,}08mm} = \mathbf{0{,}206\frac{1}{min}}$$

4. Das Collini-Center wird aus kaltgewalztem Blech, DIN 1623 - 1x... - St1203g mit einer Blechstärke von 1mm hergestellt. Das Herausstanzen der Fensterausschnitte erfolgt mit einem Schneidwerkzeug. Die Abmessung der Fensterausschnitte beträgt 5mm x 8mm.
   4.1 Bestimmen Sie die erforderliche Schneidkraft.
   4.2 Wie groß ist die im Druckstempel auftretende Druckspannung beim Herausstanzen einer Fensteröffnung ?

4.1

$R_m = 410\frac{N}{mm^2}$	**W22**	Werkstoff St1203g, Maximalwert zum sicheren Durchtrennen
$\boxed{\tau_{aB} \approx 0{,}8*R_m}$	**G32**	$\tau_{aB} \approx 0{,}8*410\frac{N}{mm^2} = \mathbf{328\frac{N}{mm^2}}$
$\boxed{U = 2*(l+b)}$	**G14**	$U = l = 2*(5mm + 8mm) = \mathbf{26mm}$
$\boxed{F_c = l*s*\tau_{aB}}$	**F18**	Schnittlinienlänge l entspricht dem Umfang U

$$F_c = 26mm*1mm*328\frac{N}{mm^2} = \mathbf{8528N = 8{,}53kN}$$

4.2

$\boxed{\sigma_d = \frac{F}{S_0}}$	**G32/W47**	
$\boxed{S_0 = l*b}$	**G15**	$S_0 = 5mm*8mm = \mathbf{40mm^2}$

$$\sigma_d = \frac{8528N}{40mm^2} = \mathbf{213{,}2\frac{N}{mm^2}}$$

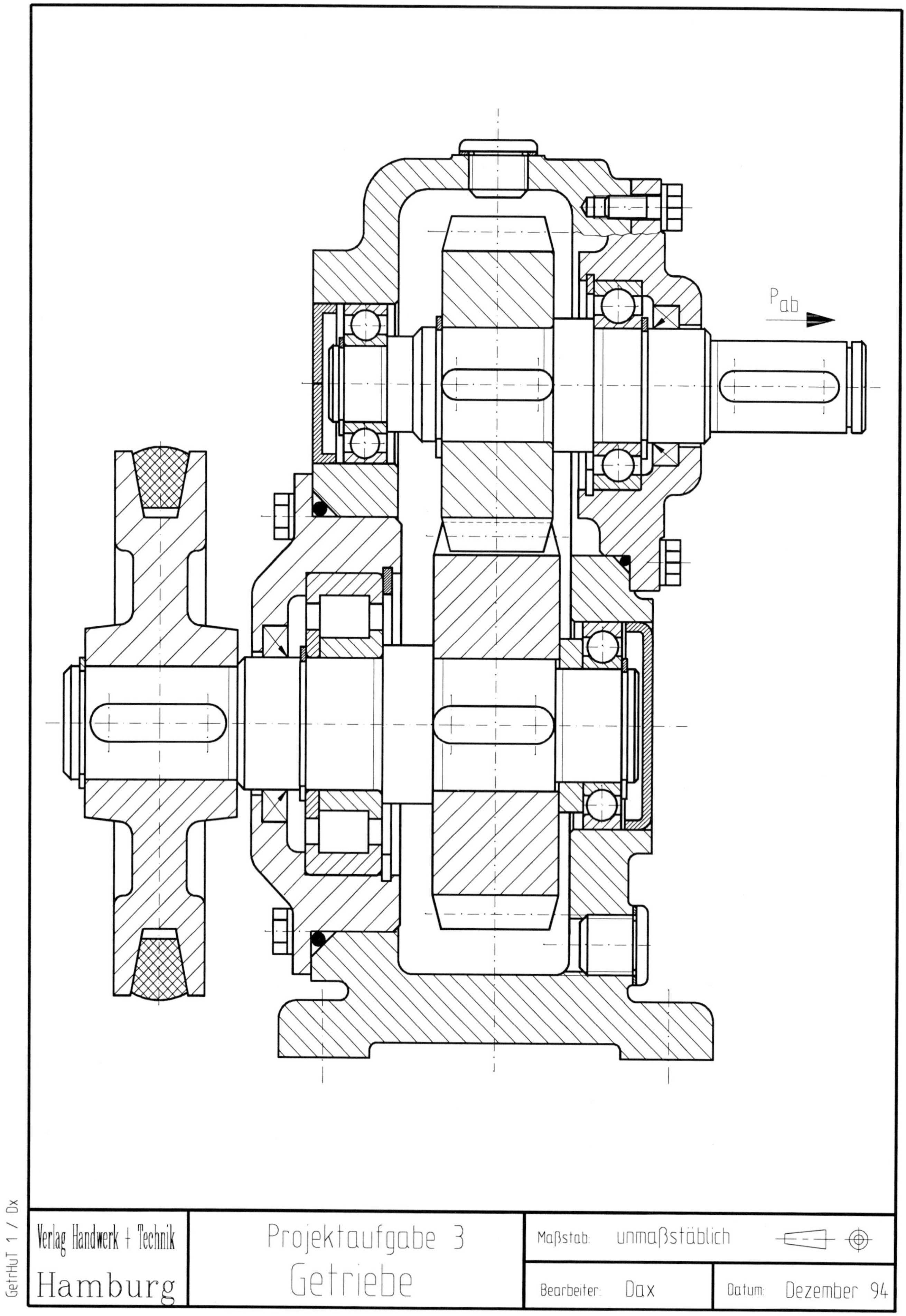

Seitenhinweise beziehen sich auf die 6. Auflage des Tabellenbuches HT 3291

8.3 Getriebe

8.3.1 *Technische Mathematik*

Aufgabe

Ein Zahnradgetriebe soll als Einbaumodul für verschiedene Zwecke eingesetzt werden. Der Leistungsbereich soll sich bis 50kW erstrecken, wobei die Antriebsumdrehungsfrequenzen (Drehzahlen) zwischen 350 ... 2800min^{-1} variieren. Die Übersetzung ist fest vorgegeben. Sie soll 50% ins Schnelle aufweisen. Wegen des Leistungsbereiches wird ein Modul von 2,5mm gewählt. Die Zähnezahl des treibenden Zahnrades beträgt z_1 = 36. Der Wellenzapfen auf der Antriebsseite hat einen Durchmesser von 24mm.

a. Bestimmen Sie das Übersetzungsverhältnis.
b. Berechnen Sie die Zahnradabmessungen, z_2, d_1, d_2, d_{a1}, d_{a2}, d_{f1}, d_{f2} und den Achsabstand a.
c. Berechnen Sie das maximale Drehmoment an der Antriebs- und der Abtriebswelle, wobei ein Getriebewirkungsgrad von 96% zu berücksichtigen ist.
d. An der Antriebswelle, ∅ 24_{f7} wird eine Paßfeder eingebaut, deren Länge ohne Rundungen 14mm beträgt. Als Drehmoment sind M_{zu} = 170Nm anzunehmen. Legen Sie den Paßfederquerschnitt fest, und berechnen Sie die Scherspannung in der Paßfeder, wobei die Rundungen zu vernachlässigen sind.
e. Berechnen Sie die Sicherheit gegen Abscheren, wenn als Keilstahl C45 nach DIN 6880 eingesetzt wird.

a. $\boxed{i = \frac{n_1}{n_2}}$ **G21** $n_2 = 1{,}5 * n_1$

$$i = \frac{n_1}{1{,}5 * n_1} = \frac{1}{1{,}5} = \mathbf{1:1{,}5}$$

b. $\boxed{i_1 = \frac{z_2}{z_1}}$ **G21** $z_2 = i_1 * z_1$

$$z_2 = \frac{1}{1{,}5} * 36 = \mathbf{24}$$

$\boxed{d_1 = m * z_1}$ **M44** $d_1 = 2{,}5mm * 36 = \mathbf{90mm}$

$\boxed{d_2 = m * z_2}$ **M44** $d_2 = 2{,}5mm * 24 = \mathbf{60mm}$

$\boxed{d_{a_1} = d_1 + 2 * m}$ **M44** $d_{a_1} = 90mm + 2 * 2{,}5mm = \mathbf{95mm}$

$\boxed{d_{a_2} = d_2 + 2 * m}$ **M44** $d_{a_2} = 60mm + 2 * 2{,}5mm = \mathbf{65mm}$

$\boxed{c = 0{,}2 * m}$ **M44** $c = 0{,}2 * 2{,}5mm = \mathbf{0{,}5mm}$

$\boxed{d_{f_1} = d_1 - (2 * m + c)}$ **M44** $d_{f_1} = 90mm - (2 * 2{,}5mm + 0{,}5mm) = \mathbf{84{,}5mm}$

$\boxed{d_{f_2} = d_2 - (2 * m + c)}$ **M44** $d_{f_2} = 60mm - (2 * 2{,}5mm + 0{,}5mm) = \mathbf{54{,}5mm}$

$\boxed{a = \frac{m * (z_1 + z_2)}{2}}$ **M44** $a = \frac{2{,}5mm * (36 + 24)}{2} = \mathbf{75mm}$

c. $\boxed{P = \frac{M * n}{9550}}$ **G26** $M_{zu} = \frac{P * 9550}{n}$

$$M_{zu} = \frac{50kW * 9550}{2800 \frac{1}{min}} = \mathbf{170{,}54Nm}$$

M_{max} bei P_{max} und n_{max}

$\boxed{M_2 = M_1 * i * \eta}$ **G21** $M_{zu} = M_1,\quad M_{ab} = M_2$

$$M_{ab} = 170{,}54Nm * \frac{1}{1{,}5} * 0{,}96 = \mathbf{109{,}14Nm}$$

d. Paßfeder DIN 6885 - A8x7x22 **M29** für Wellendurchmesser 22...30mm

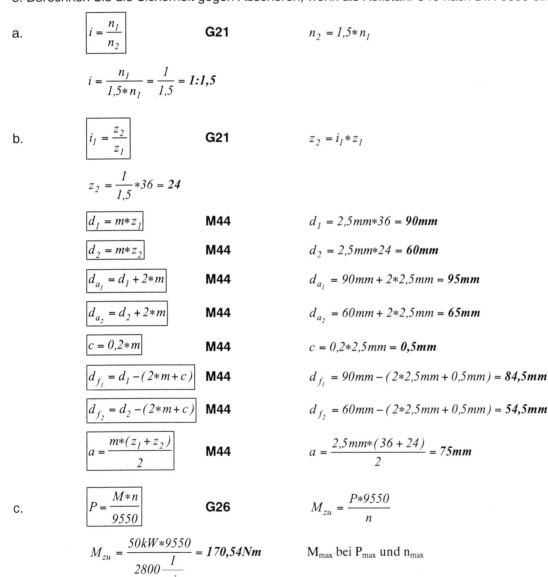

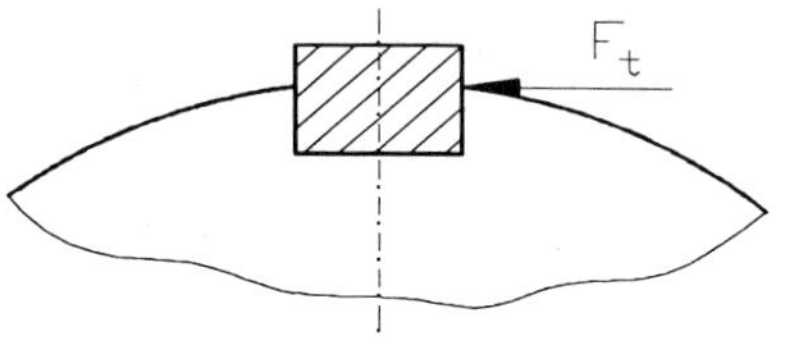

zu d. $\boxed{M = F * \frac{d}{2}}$ **G22** $F_t = \frac{M}{\frac{d}{2}}$

$$F_t = \frac{170{,}54Nm * 1000\frac{mm}{m}}{12mm} = \mathbf{14211{,}67N}$$

$\boxed{S = b * l}$ **G32** $S = 8mm * 14mm = 112mm^2$ l ohne Rundungen

$\boxed{\tau = \frac{F}{S}}$ **G32** $\tau = \frac{14211{,}67N}{112mm^2} = \mathbf{126{,}89\frac{N}{mm^2}}$ setze: $F = F_t$

e. $R_m = 650...800\frac{N}{mm^2}$ **W11** Werkstoff C45

$\boxed{\tau_{aB} \approx 0{,}8 * R_m}$ **G32/F18** $\tau_{aB} \approx 0{,}8 * (650...800\frac{N}{mm^2}) = \mathbf{520...640\frac{N}{mm^2}}$

$\nu = \frac{\tau_{aB}}{\tau_{vorhanden}}$ **G33** $\nu = \frac{520...640\frac{N}{mm^2}}{126{,}89\frac{n}{mm^2}} = \mathbf{4{,}1...5{,}0}$

Aufgabe
In einem Anwendungsfall (siehe Getriebe-Gesamtzeichnung) wird dem Zahnradgetriebe ein Keilriementrieb vorgeschaltet. Die Übersetzung des Keilriementriebes ist i_2 = 1:1,6. Die getriebene Riemenscheibe hat einen Wirkdurchmesser d_{w2} = 112mm. Der auf den Keilriementrieb wirkende Elektromotor hat eine Leistung von P = 25kW bei n = 1400min^{-1}.
f. Wie groß ist der wirksame Durchmesser der Riemenscheibe auf der Motorwelle ?
g. Wie groß ist die Umfangskraft am Wirkdurchmesser der treibenden Riemenscheibe ?
h. Berechnen Sie die Anpreßkräfte F_N an den Riemenflanken, wenn als Reibzahl μ = 0,75 angenommen wird.

f. $\boxed{i_2 = \frac{d_2}{d_1}}$ **G21** $d_{w_1} = \frac{d_{w_1}}{i_2}$

$$d_{w_1} = \frac{112mm}{\frac{1}{1{,}6}} = \mathbf{179{,}2mm \approx 180mm}$$

g. $\boxed{P = \frac{M * n}{9550}}$ **G26** $M = \frac{P * 9550}{n}$

$$M = \frac{25kW * 9550}{1400\frac{1}{min}} = \mathbf{170{,}5Nm}$$

$\boxed{M = F * \frac{d_{w_1}}{2}}$ **G22** $F = \frac{M}{\frac{d_{w_1}}{2}}$

$$F = \frac{170{,}5Nm * 1000\frac{mm}{m}}{\frac{180mm}{2}} = \mathbf{1894{,}4N}$$

h. $\boxed{F_R = F_N * \mu}$ **G27** $F_N = \frac{F_R}{\mu}$

$F_R = \frac{F_U}{2}$ $F_R = \frac{1894{,}4N}{2} = \mathbf{947{,}2N}$ Umfangskraft pro Seite durch Reibung zu übertragen

$$F_N = \frac{949{,}2N}{0{,}75} = \mathbf{1262{,}9N \approx 1263N}$$

8.3.2 *Technologie*

a. Erstellen Sie anhand der Zeichnung (Teilbereich Getriebe) und der dazugehörigen Stückliste eine Beschreibung der Montage mit den entsprechenden Positionsnummern.

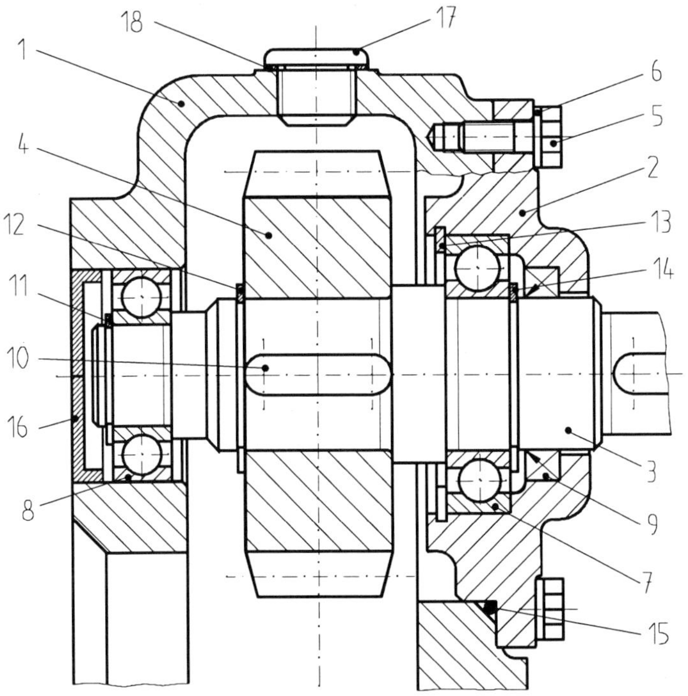

Pos	Benennung	Normbezeichnung/Werkstoff
1	Gehäuse	GG-20
2	Deckel	GG-20
3	Welle	Cf45
4	Zahnrad	45Cr2
5	6kt-Schraube	DIN931-M5x15-4.6
6	Scheibe	DIN125-A5,3
7	Rillenkugellager	DIN625-61805
8	Rillenkugellager	DIN625-61803
9	Wellendichtring	DIN3760-A25x35x7
10	Paßfeder	DIN6885-A8x7x24-C45K
11	Sicherungsring	DIN471-16x1
12	Sicherungsring	DIN471-24x1,2
13	Sicherungsring	DIN472-48x1,75
14	Sicherungsring	DIN472-25x1,2
15	O-Ring	Gummi
16	Abdeckkappe	St1203
17	Verschlußschraube	St37-2
18	Dichtungsscheibe	Cu

Auf die Welle (Pos.3) - Rillenkugellager (Pos.7) aufziehen - Sicherungsring (Pos.14) anbringen - anschließend Wellendichtring (Pos.9) in den Deckel (Pos.2) einpressen und auf die vormontierte Welle aufschieben und den Sicherungsring (Pos.13) anbringen. O-Ring (Pos.15) auf den Deckel aufziehen, anschließend die Paßfeder (Pos.10) in die Welle einlegen - Zahnrad (Pos.4) aufschieben - Sicherungsring (Pos.12) montieren - Rillenkugellager (Pos.8) aufschieben und Sicherungsring (Pos.11) montieren. Diese vormontierte Einheit in das Gehäuse (Pos.1) einfügen, mit den Scheiben (Pos.6) und Schrauben (Pos.5) verbinden und die Abdeckkappe (Pos.16) einpressen.

b. Wählen Sie für das Zahnrad (Pos.4) eine geeignete maschinelle Wärmebehandlung zum Härten der Zahnflanken aus.

Flamm- oder Induktionshärten **W51**

c. Mit welchem Härteprüfverfahren könnte die Randschichthärte der Zahnflanken geprüft werden ?

Rockwell- oder Vickers-Härteprüfung **W48**

d. Erklären Sie die Werkstoffbezeichnung 45Cr2.

Vergütungsstahl oder Stahl für Flamm- und Induktionshärten mit 0,45 % Kohlenstoff und 0,5 % Chrom **W7/W9/W10**

e. Weshalb sollte der Wellendurchmesser für die Aufnahme des Wellendichtrings geschliffen werden ?

Um eine möglichst geringe Rauheit zu erhalten, denn die Riefen der Bearbeitung durch Drehen würden infolge der Drehbewegung zu einem erhöhten Verschleiß des Wellendichtringes führen.

f. Erklären Sie die Paßfeder-Normangabe: DIN 6885-A8x7x24-C45K.

DIN 6885:	Paßfedernorm **M29**
A:	Form A
8:	Breite 8mm
7:	Höhe 7mm
24:	Länge 24mm
C45K:	Werkstoff (C45K nach DIN 6880) **W8/W11**

g. Für die Verbindung Welle / Zahnrad wird folgende Passung ausgewählt:
Welle ø 24_{f7}, Zahnradbohrung ø 24^{H7}
g.1. Bestimmen Sie das Passungssystem.
g.2. Bestimmen Sie die Passungsart.
g.3. Berechnen Sie das Höchst- und Mindestspiel bzw. Höchst- und Mindestübermaß.

g.1. Einheitsbohrung

g.2. Spielpassung

g.3. $ES = +21\mu m;\ EI = 0\mu m$ **Z32** für $\varnothing\, 24^{H7}$

$es = -20\mu m;\ ei = -41\mu m$ **Z32** für $\varnothing\, 24_{f7}$

$$\boxed{Mindestspiel = Mindestma\beta_{Bohrung} - H\ddot{o}chstma\beta_{Welle}}$$ **Z30**

$$Mindestspiel = (20mm + 0mm) - (20mm + (-0{,}020mm)) = \mathbf{0{,}02mm}$$

$$\boxed{H\ddot{o}chstspiel = H\ddot{o}chstma\beta_{Bohrung} - Mindestma\beta_{Welle}}$$ **Z30**

$$H\ddot{o}chstspiel = (20mm + 0{,}021mm) - (20mm + (-0{,}041mm)) = \mathbf{0{,}062mm}$$

h. Die Welle (Pos.3) wird durch die beiden Rillenkugellager (Pos. 7, 8) gelagert. Man unterscheidet hierbei zwischen Los- und Festlager. Bestimmen Sie den jeweiligen Lagertyp und erklären die Aufgabe, die die beiden Lager jeweils zu erfüllen haben.

Pos.7 = Festlager.
Dieser Lagertyp kann Lagerkräfte in alle Richtungen aufnehmen und verhindert eine axiale Verschiebung.

Pos.8 = Loslager.
Die Welle kann sich, z.B. bei Erwärmung, in axialer Richtung ausdehnen, da das Lager nicht im Gehäuse fixiert ist.

8.3.3 *Arbeitsplanung*

Der abgebildete Wellenbereich der treibenden Welle soll normgerecht bemaßt werden.

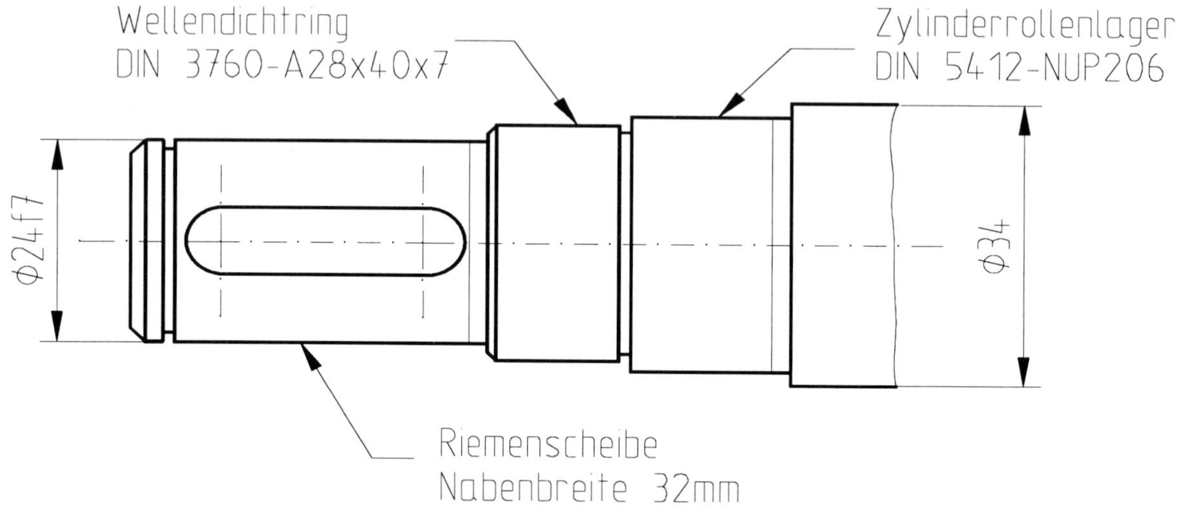

- Der Wellendurchmesser für den Wellendichtring und das Zylinderrollenlager soll maschinell gehärtet werden. Er soll eine Härte von 60+4 HRC aufweisen und die Einhärtetiefe soll 0,5mm betragen und einen Toleranzbereich von 0,2mm aufweisen.
- Die Oberflächenbeschaffenheit für den Radialwellendichtring soll eine Rauheit von $R_z = 1\mu m$ besitzen und durch Schleifen erzielt werden.
- Der Wellendurchmesser für das Zylinderrollenlager soll zu dem Wellendurchmesser der Riemenscheibe eine Lagetoleranz für Rundlauf von 0,05mm aufweisen.
- Für die Paßfedernut ist ein fester Sitz zu wählen.

Lösungsvorschlag zur Arbeitsplanung

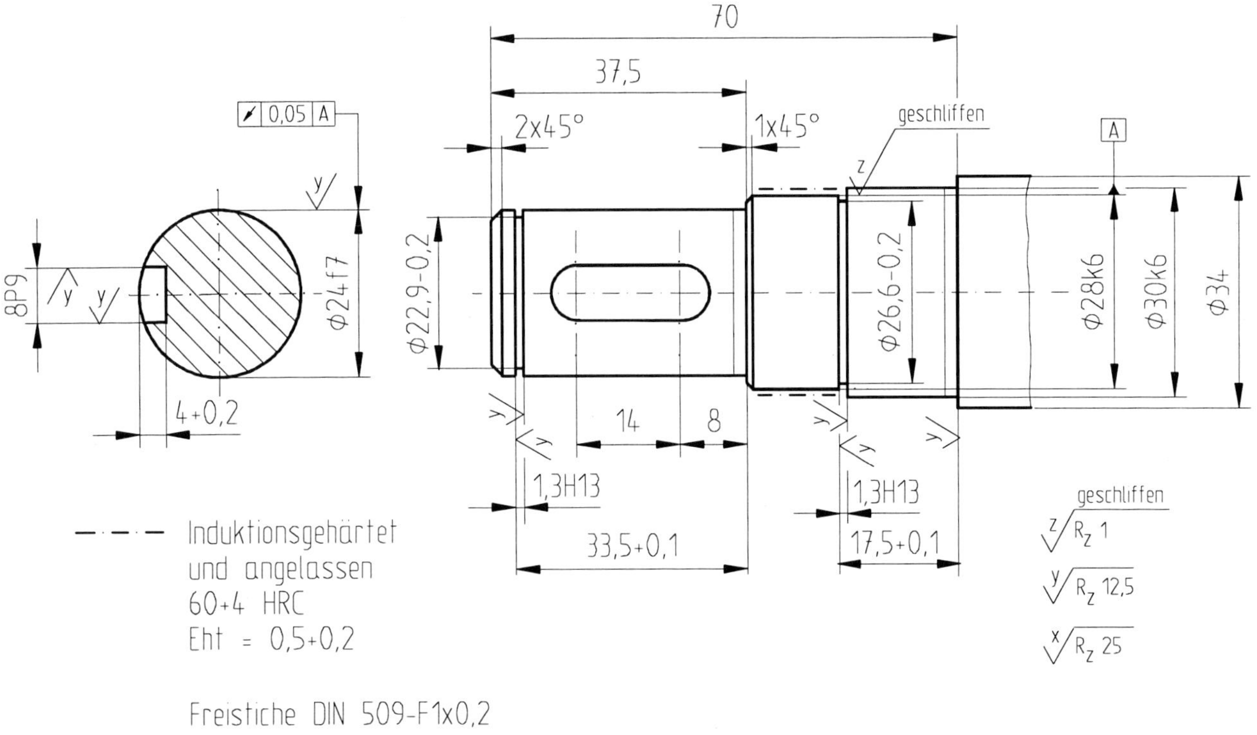

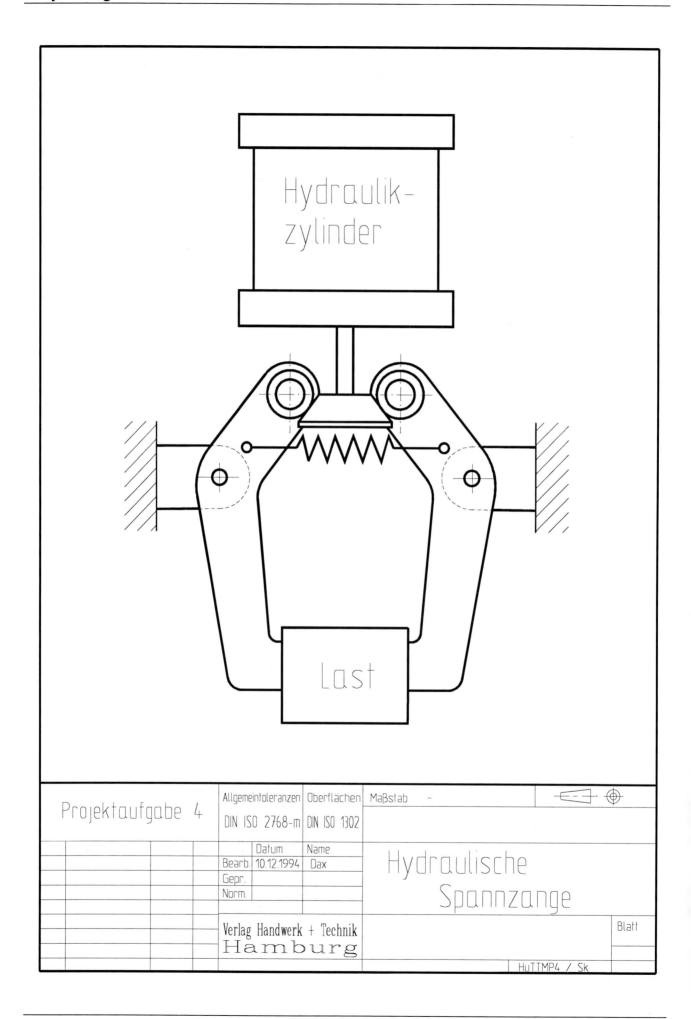

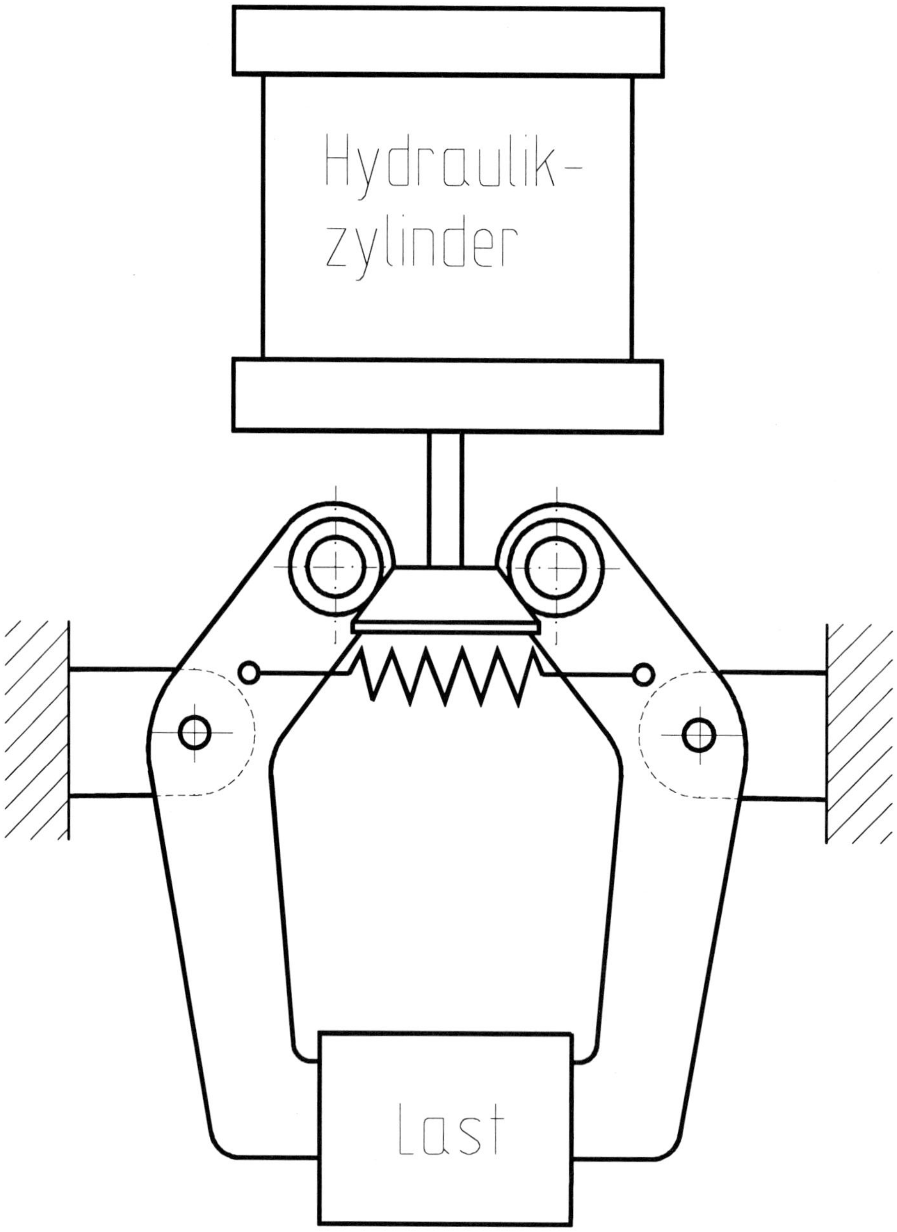

Projektaufgabe 4	Allgemeintoleranzen DIN ISO 2768-m	Oberflächen DIN ISO 1302	Maßstab -
	Datum	Name	Hydraulische Spannzange
Bearb.	10.12.1994	Dax	
Gepr.			
Norm.			

Verlag Handwerk + Technik
Hamburg

Blatt

HuTTMP4 / Sk

8.3 Hydraulische Spannzange

Aufgabe

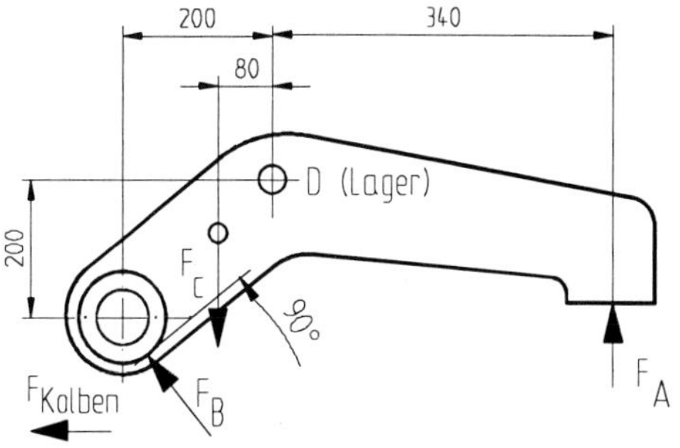

Mit Hilfe eines doppeltwirkenden Zylinders wird beim Einfahren des Kolbens die Last mittels einer Spannzange eingespannt. Die Kolbenkraft F_{Kolben} beträgt dabei 5kN, der Kolbendruck p = 25bar und die Zugfederkraft F_c = 500N. Die Kolbenstange weist einen Durchmesser von 28mm aus. Für die Spannzange ist ein reibungsfreier Zustand anzunehmen.

a. Berechnen Sie die Spannkraft F_A.

b. Ermitteln Sie einen geeigneten Hydraulikzylinder für den momentanen Zustand, wenn F_{Kolben} = 5kN und p = 25bar beträgt. Der Wirkungsgrad des Zylinders liegt bei 88%.
Hydraulikzylinder-Baureihe: d_1 = 32 - 40 - 50 - 63 - 80 - 100 -125mm

c. Welche Last könnte mit der Spannzange gehalten werden, wenn an der Stelle von F_A eine Reibzahl μ_0 = 0,3 wirkt ?

d. Entwerfen Sie einen Hydraulik-Schaltplan.

e. Das Steuern des Stellgliedes für den Hydraulikzylinder soll elektromagnetisch erfolgen. Das Spannen und Entspannen erfolgt durch Tasterbetätigung. Wenn beide Taster gleichzeitig gedrückt werden, erfolgt der Spannvorgang. Erstellen Sie den zugehörigen Stromlaufplan.

a. $\boxed{a^2 + b^2 = c^2}$ **G12** $\quad F_B^2 + F_B^2 = F_K^2$

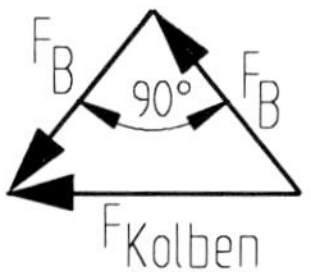

$$F_K^2 = 2 * F_B^2 \qquad F_B = \sqrt{\frac{F_K^2}{2}}$$

$$F_B = \sqrt{\frac{5^2\,kN^2}{2}} = \mathbf{3{,}5kN}$$

$\boxed{a^2 + b^2 = c^2}$ **G12** $\quad c = \sqrt{a^2 + b^2}$

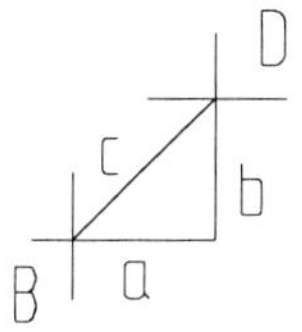

$$c = \sqrt{200^2\,mm^2 + 200^2\,mm^2} = \mathbf{282{,}84mm} \quad \text{es gilt: } c = l_B$$

$\boxed{\sum M_{rechtsdrehend} = \sum M_{linksdrehend}}$ **G23**

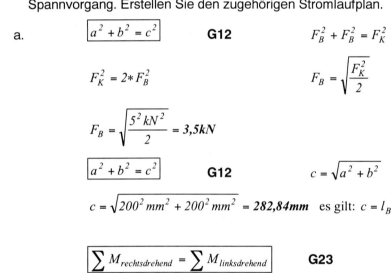

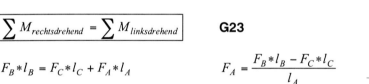

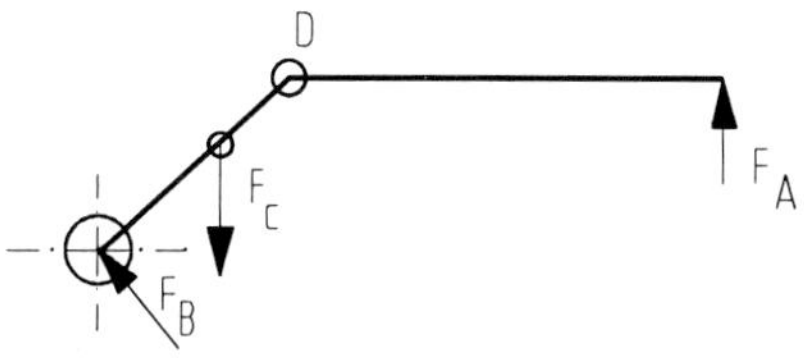

$$F_B * l_B = F_C * l_C + F_A * l_A \qquad F_A = \frac{F_B * l_B - F_C * l_C}{l_A}$$

$$F_A = \frac{3{,}5kN * 282{,}84mm - 0{,}5kN * 80mm}{340mm} = \mathbf{2{,}79kN}$$

b. $\boxed{p = \frac{F}{\eta * A}}$ **G28** $\quad A = \frac{F}{\eta * p}$

$$A = \frac{5000N}{0{,}88 * 250\frac{N}{cm^2}} = \mathbf{22{,}73cm^2}$$

$\boxed{A = \frac{\pi}{4} * (D^2 - d^2)}$ **G15** $\quad D = \sqrt{\frac{4 * A}{\pi} + d^2}$

$$D = \sqrt{\frac{4 * 22{,}73m^2 * 100\frac{mm^2}{cm^2}}{\pi} + 28^2\,mm^2} = \mathbf{60{,}65mm} \qquad \text{gewählt: } d_1 = 63mm$$

oder Zylinderbestimmung mittels Tabelle **F63**

$A_3 = A_{erforderlich} = 22{,}73cm^2$ und $d_2 = 28mm \Rightarrow \mathbf{d_1 = 63mm}$

bei $\varphi = 1{,}25$

c. $\boxed{F_R = F_N * \mu}$ **G27** $F_R = F_A * \mu_0$

$F_R = 5kN*0,3 = \mathbf{1,5kN}$

$\boxed{F_G = 2*F_R}$ Reibkraft tritt an jeder Klemmfläche auf

$F_G = 2*1,5kN = \mathbf{3kN}$

$\boxed{F_G = m*g}$ **G22** $m = \dfrac{F_G}{g}$

$$m = \frac{3kN*1000\frac{\frac{kgm}{s^2}}{kN}}{9,81\frac{m}{s^2}} = \mathbf{305,81kg}$$ **G22**

d. Elektrohydraulischer Schaltplan **F49...F59/F62** Hydraulischer Schaltplan

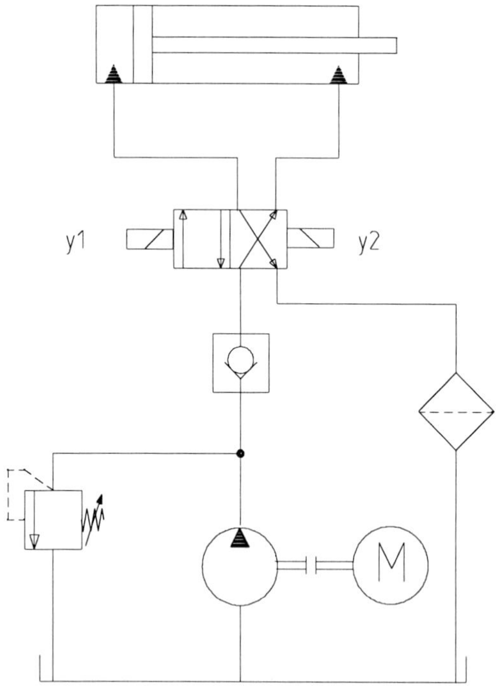

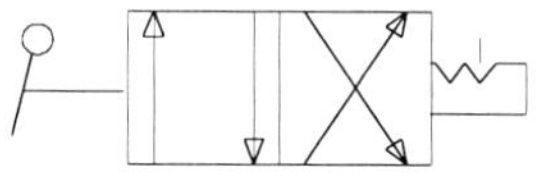

an Stelle des elektromag. Stellgliedes

e. Stromlaufplan **F57/F59**

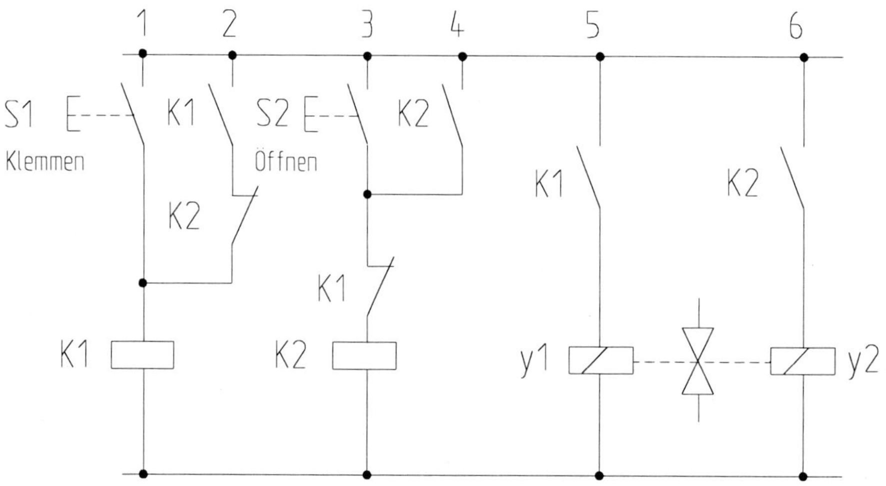

Klemmen dominant, wenn beide Taster gedrückt werden.

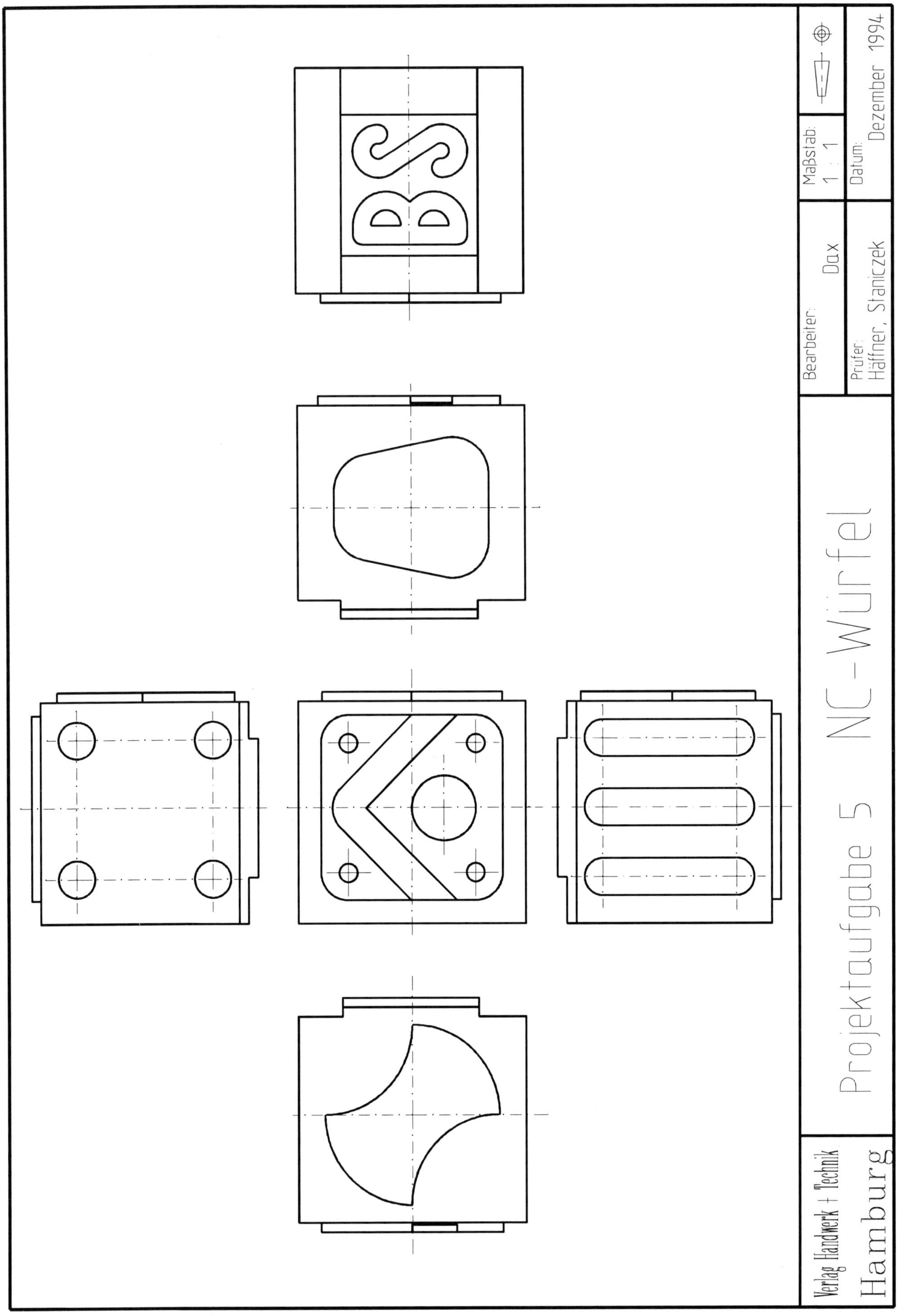
BS
Maßstab:
1 : 1
Datum:
Dezember 1994
Bearbeiter:
Dax
Prüfer:
Häffner, Staniczek
Projektaufgabe 5 NC-Würfel
Verlag Handwerk + Technik
Hamburg

8.5 NC-Würfel

8.5.1 *Bohren*

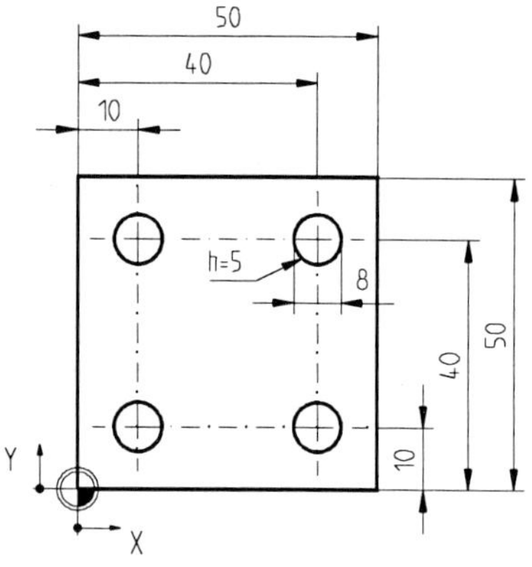

Aufgabe

Auf der Fläche eines Würfels aus dem Werkstoff AlMgSi1 sollen entsprechend der Abbildung 4 Bohrungen angebracht werden. Der Werkstücknullpunkt ist unter G54 gespeichert. Der Werkzeugwechselpunkt entspricht dem Maschinennullpunkt G53. Das verwendete HSS-Werkzeug ist unter T05 im Werkzeugmagazin abgelegt. Das Werkzeug steht bzw. der Werkzeugwechsel wird bei X-20, Y60, Z50 vorgenommen.
Das Bohren der 4 Bohrungen erfolgt im Uhrzeigersinn, beginnend mit der linken unteren Bohrung.

a. Es sind die Schnittdaten und die Bohrtiefe festzulegen.
b. Erstellen Sie ein Bohrprogramm, wobei die Verfahrwege im Absolutsystem vorzusehen sind.
c. Es ist ein zweites Bohrprogramm zu erstellen, wobei die Verfahrwege inkremental abgearbeitet werden.
d. Das Bohrbild ist mittels Unterprogramm zu erstellen, wobei das Unterprogramm mit L13 programmiert wird. Unterprogrammende M17
e. Schreiben Sie ein Bohrprogramm, wobei die Herstellung der Bohrungen mit einem Bohrzyklus G81 und einer Verweilzeit des Bohrers von 2 Sekunden unter G04 erfolgen soll.

a. Zerspanungsgruppe 16 **F30** Werkstoff AlMgSi1

$v_c = 50\frac{m}{min}$ $f \cong 0{,}20mm$ **F36** Vorschubrichtreihe 10, 12 interpoliert

$\boxed{v_c = d*n*\pi}$ **F28** $n = \frac{v_c}{d*\pi}$

$n = \frac{50\frac{m}{min}*1000\frac{mm}{m}}{8mm*\pi} = \mathbf{1989{,}44\frac{1}{min}}$ gewählt: $n = 2000\frac{1}{min}$ **F11**

$\boxed{v_f = f*n}$ **F8**

$v_f = 0{,}2mm*1989{,}44\frac{1}{min} = \mathbf{397{,}89\frac{mm}{min}}$ gewählt: $v_f = 400mm/min$

$\boxed{L = l_w + l_s}$ **F6** l_a und $l_ü$ werden im NC-Programm berücksichtigt

$\boxed{l_s = 0{,}2*d}$ **F6** $l_s = 0{,}2*8mm = \mathbf{1{,}6}mm$ bei Spitzenwinkel: $\sigma = 130°$

$L = 5mm + 1{,}6mm = \mathbf{6{,}6}mm$

b. Bohrbild mit absoluter Koordinateneingabe

Satz-Nr.	Wegbedingung	Koordinaten X	Y	Z	R	Parameter I	J	K	Vorschub	Spindeldrehzahl	Werkzeug	Zusatzfunktion
N 10	G00 G53										T05	M06
N 20	G54			Z50								
N 30		X10	Y10									
N 40				Z1						S2000		M03
N 50	G01			Z-6.6					F400			
N 60	G00			Z1								
N 70			Y40									
N 80	G01			Z-6.6								
N 90	G00			Z1								
N100		X40										
N110	G01			Z-6.6								
N120	G00			Z1								
N130			Y10									
N140	G01			Z-6.6								
N150	G00			Z50								
N160		X-20	Y60									M05
N170												M30

c. Bohrbild mit inkrementaler Koordinateneingabe

Satz-Nr.	Wegbedingung	Koordinaten X	Y	Z	R	Parameter I	J	K	Vorschub	Spindeldrehzahl	Werkzeug	Zusatzfunktion
N 10	G00 G53										T05	M06
N 20	G54			Z50								
N 30		X10	Y10							S2000		M03
N 40				Z1								
N 50	G01 G91			Z-7.7					F400			
N 60	G00			Z7.7								
N 70			Y30									
N 80	G01			Z-7.7								
N 90	G00			Z7.7								
N100		X30										
N110	G01			Z-7.7								
N120	G00			Z7.7								
N130			Y-30									
N140	G01			Z-7.7								
N150	G00 G90			Z50								
N160		X-20	Y60									M05
N170												M30

d. Bohrbild mit Haupt- und Unterprogramm
Teil 1: Hauptprogramm

Satz-Nr.	Wegbedingung	Koordinaten X	Y	Z	R	Parameter I	J	K	Vorschub	Spindeldrehzahl	Werkzeug	Zusatzfunktion
N 10	G00 G53										T05	M06
N 20	G54			Z50								
N 30		X10	Y10							S2000		M03
N 40				Z1								
N 50	L1301											
N 60	G00		Y40									
N 70	L1301											
N 80	G00	X40										
N 90	L1301											
N100	G00		Y10									
N110	L1301											
N120	G00			Z50								
N130		X-20	Y60									M05
N140												M30

Teil 2: Unterprogramm L13

Satz-Nr.	Wegbedingung	Koordinaten X	Y	Z	R	Parameter I	J	K	Vorschub	Spindeldrehzahl	Werkzeug	Zusatzfunktion
N 10	G01 G91			Z-7.6					F400			
N 20	G00			Z7.6								
N 30	G90											
N 40												M17

e. Bohrbild mit Bohrzyklus G81 und Verweilzeit G04

Satz-Nr.	Wegbedingung	Koordinaten X	Y	Z	R	Parameter I	J	K	Vorschub	Spindeldrehzahl	Werkzeug	Zusatzfunktion
N 10	G00 G53										T05	M06
N 20	G54			Z50						S2000		M03
N 30		X10	Y10	Z1								
N 40	G01								F400			
N 50	G81	R021 R03-5										
N 60	G04	X2 (X=2 Sekunden Verweilzeit)										
N 70			Y40									
N 80		X40										
N 90			Y10									
N100	G80			Z50								
N110	G00	X-20	Y60									M05
N120												M30

8.5.2 *Fräsen der Nuten*

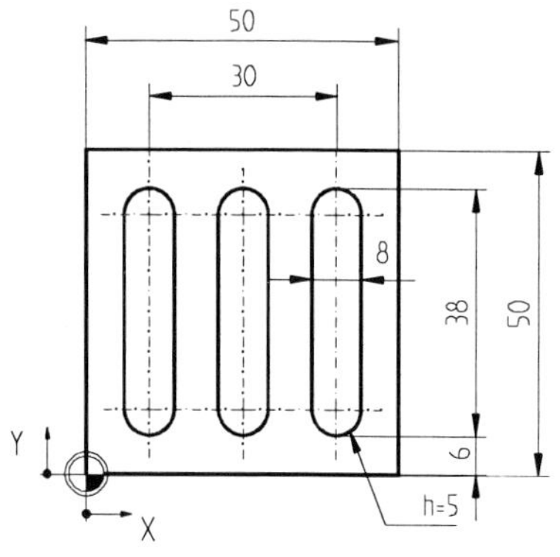

Aufgabe

Entsprechend der Gesamt-Zeichnung sollen in die Draufsicht des Würfels 3 Nuten eingefräst werden. Als Werkzeug kommt ein Vollhartmetallfräser mit 2 Schneiden zum Einsatz, welcher als Werkzeug T04 im Werkzeugmagazin abgelegt ist. Der Fräser steht auf den Koordinaten X-20, Y60, Z50 und der Werkzeugwechsel erfolgt an der gleichen Stelle. Das Werkzeug fährt nach Beendigung der Bearbeitung an diesen Koordinatenpunkt zurück. Der Werkstücknullpunkt ist unter G54 abzuspeichern.

a. Legen Sie die Schnittdaten für die Bearbeitung fest.
b. Erstellen Sie ein Fräsprogramm, wobei die Nuttiefe in 2 Schnitten erreicht wird. Das Eintauchen des Fräsers soll mit halbem Vorschub erfolgen.
c. Die Bearbeitung der Nuten soll mit Unterprogrammtechnik vorgenommen werden.
d. Erstellen Sie ein Bearbeitungsprogramm mit Unterprogramm in Form einer Schleife.

a. Zerspanungsgruppe 16 **F30** Werkstoff AlMgSi1

$f_z = 0{,}1mm$ $v_c = 1200\frac{m}{min}$ **F38** gewählte Werte aus der Bandbreite

$\boxed{v_c = d * n * \pi}$ **F28** $n = \frac{v_c}{d * \pi}$

$$n = \frac{1200\frac{m}{min} * 1000\frac{mm}{m}}{8mm * \pi} = \mathbf{47746{,}5\frac{1}{min}}$$

gewählt: $n = 4000\frac{1}{min}$

Maximal mögliche Umdrehungsfrequenz der Maschine

$\boxed{f = f_z * z}$ **F8** $f = 0{,}1mm * 2 = \mathbf{0{,}2mm}$

$\boxed{v_f = f * n}$ **F8** $v_f = 0{,}2mm * 4000\frac{1}{min} = \mathbf{800\frac{mm}{min}}$

$\boxed{v_{f\ Eintauchen} = \frac{v_f}{2}}$ $v_{f\ Eintauchen} = \frac{800}{2}\frac{mm}{min} = \mathbf{400\frac{mm}{min}}$

b. Fräsprogramm für Nuten

Satz-Nr.	Wegbedingung	Koordinaten				Parameter			Vorschub	Spindeldrehzahl	Werkzeug	Zusatzfunktion
		X	Y	Z	R	I	J	K				
N 10	G00 G53										T04	M06
N 20	G54			Z50								
N 30		X10	Y10									
N 40				Z1						S4000		M03
N 50	G01			Z-2.5					F400			
N 60			Y40						F800			
N 70				Z-5					F400			
N 80			Y10						F800			
N 90	G00			Z1								
N100		X25										
N110	G01			Z-2.5					F400			
N120			Y40						F800			
N130				Z-5					F400			
N140			Y10						F800			
N150	G00			Z1								
N160		X40										
N170	G01			Z-2.5					F400			
N180			Y40						F800			
N190				Z-5					F400			
N200			Y10						F800			
N210	G00			Z50								
N220		X-20	Y60									M05
N230												M30

c. Fräsprogramm für Nuten mit Unterprogrammtechnik
Teil 1: Hauptprogramm

Satz-Nr.	Wegbedingung	Koordinaten				Parameter			Vorschub	Spindeldrehzahl	Werkzeug	Zusatzfunktion
		X	Y	Z	R	I	J	K				
N 10	G00 G53										T04	M06
N 20	G54			Z50								
N 30		X10	Y10									
N 40				Z1						S4000		M03
N 50	L2101											
N 60	G00	X25										
N 70	L2101											
N 80	G00	X40										
N 90	L2101											
N100	G00			Z50								
N110		X-20	Y60									M05
N120												M30

Teil 2: Unterprogramm L21

Satz-Nr.	Wegbedingung	Koordinaten				Parameter			Vorschub	Spindeldrehzahl	Werkzeug	Zusatzfunktion
		X	Y	Z	R	I	J	K				
N 10	G01 G91			Z-3.5					F400			
N 20			Y30						F800			
N 30				Z-2.5					F400			
N 40			Y-30						F800			
N 50	G00 G90			Z1								
N 60												M17

d. Fräsprogramm für Nuten mit Schleifen-Unterprogrammtechnik
Teil 1: Hauptprogramm

Satz-Nr.	Wegbedingung	Koordinaten				Parameter			Vorschub	Spindeldrehzahl	Werkzeug	Zusatzfunktion
		X	Y	Z	R	I	J	K				
N 10	G00 G53										T04	M06
N 20	G54			Z50								
N 30		X10	Y10									
N 40				Z1						S4000		M03
N 50	L2203											
N 60	G90			Z50								
N 70		X-20	Y60									M05
N 80												M30

Teil 2: Unterprogramm mit Schleife L22

Satz-Nr.	Wegbedingung	Koordinaten				Parameter			Vorschub	Spindeldrehzahl	Werkzeug	Zusatzfunktion
		X	Y	Z	R	I	J	K				
N 10	G01 G91			Z-3.5					F400			
N 20			Y30						F800			
N 30				Z-2.5					F400			
N 40			Y-30						F800			
N 50	G00			Z6								
N 60		X15										
N 70												M17

8.5.3 *Fräsen der Absätze, Buchstaben gravieren*

Die spätere Rückansicht des Würfels ist mit Absätzen zu versehen. In der Mitte der Würfelfläche sind die Buchstaben **BS** = Berufsschule zu fräsen.

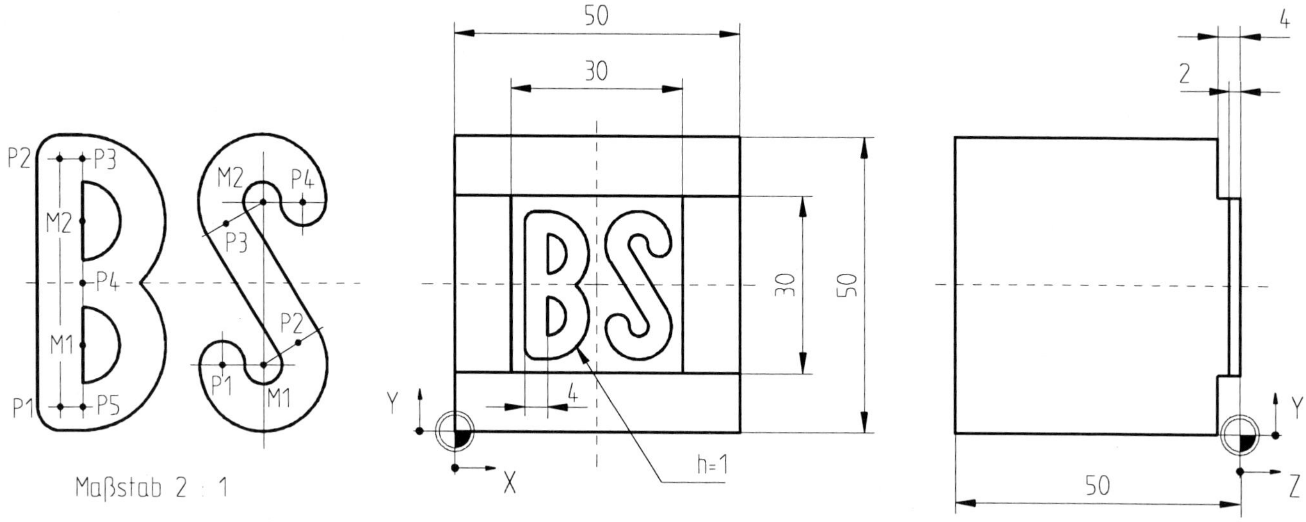

Absätze: HSS-Fräserdurchmesser 16mm, Werkzeug T02
Schnittdaten: v_f = 150 mm/min
n = 1000 min^{-1}

Buchstaben: HSS-Fräserdurchmesser 4mm, Werkzeug T06
Schnittdaten: v_f = 80 mm/min
n = 2000 min^{-1}

Die Werkzeuge befinden sich am Koordinatenpunkt X-20 , Y60 , Z50. An dieser Stelle hat auch der Werkzeugwechsel zu erfolgen. Das Werkzeug ist nach der Bearbeitung des Würfels in diese Lage zurückzuführen. Der Werkzeugnullpunkt ist unter G54 abzuspeichern.

Koordinatenpunkte für die Bearbeitungsgänge der Buchstaben:

Buchstabe **B**

Punkt/Koordinate	X	Y
P1	14,5	14,5
P2	14,5	35,5
P3	16,5	35,5
P4	16,5	25,0
P5	16,5	14,5
M1	16,5	19,75
M2	16,5	30,25

Radius für Mittelpunktsbahn R = 5,25mm

Buchstabe **S**

Punkt/Koordinate	X	Y
P1	28,25	18,125
P2	34,9551	20,0363
P3	28,7949	29,9637
P4	35,5	31,875
M1	31,875	18,125
M2	31,875	31,875

Radius für Mittelpunktsbahn R = 3,625mm

a. Erstellen Sie ein Bearbeitungsprogramm zum Fräsen der beiden Absätze. Hierbei ist die Konturprogrammierung anzuwenden. Das Werkstück ist im Gegenuhrzeigersinn mit jeweils einem Umlauf zu umfahren.
b. Es ist das Programm für die Buchstaben BS zu schreiben. Die Punkte für die Mittelpunktsbahn sind den beiden Tabellen zu entnehmen. Die Kreisbögen können wahlweise mit Radiusangabe oder Hilfskoordinaten I, J erstellt werden.

a. Programm zum Fräsen der Absätze

Satz-Nr.	Wegbedingung	Koordinaten				Parameter			Vorschub	Spindeldrehzahl	Werkzeug	Zusatzfunktion
		X	Y	Z	R	I	J	K				
N 10	G00 G53										T02	M06
N 20	G54			Z50								
N 30		X-10	Y0							S1000		M03
N 40				Z-4								
N 50	G42											
N 60	G01	X0	Y10						F150			
N 70		X51										
N 80	G40											
N 90	G00			Z-2								
N100	G42											
N110	G01	X40	Y10									
N120			Y60									
N130	G40											
N140	G00			Z-4								
N150	G42											
N160	G01	X50	Y40									
N170		X-1										
N180	G40											
N190	G00			Z-2								
N200	G42											
N210	G01	X10	Y40									
N220			Y0									
N230	G40											
N240	G00			Z50								
N250		X-20	Y60									M05
N260												M30

b. Programm zum Gravieren der Buchstaben

Buchstabe **B**: Der Kreismittelpunkt M2 ist auf P3 als Startpunkt bezogen: *I = 0mm, J = -5,25mm*
Der Kreismittelpunkt M1 bezieht sich auf P4 als Startpunkt. Für I, J gelten die gleichen Maße.

Buchstabe **S**: Der Kreismittelpunkt M1 ist auf P1 als Startpunkt bezogen: *I = 3,625mm, J = 0mm*
Der Kreismittelpunkt M2 bezieht sich auf P3 als Startpunkt. Für *I = 3,0551mm, J = 1,9063mm.*

Satz-Nr.	Wegbedingung	Koordinaten				Parameter			Vorschub	Spindeldrehzahl	Werkzeug	Zusatzfunktion
		X	Y	Z	R	I	J	K				
N 10	G00 G53										T06	M06
N 20	G54			Z50								
N 30		X14.5	Y14.5									
N 40				Z1						S2000		M03
N 50	G01			Z-1					F80			
N 60			Y35.5									
N 70		X16.5										
N 80	G02	X16.5	Y25			I0	J-5.25					
N 90		X16.5	Y14.5			I0	J-5.25					
N100	G01	X14.5										
N110	G00			Z1								
N120		X28.25	Y18.125									
N130	G01			Z-1								
N140	G03	X34.9551	Y20.0363			I3.625	J0					
N150	G01	X28.7949	Y29.9637									
N160	G02	X35.5	Y31.875			I3.0551	J1.9063					
N170	G00			Z50								
N180		X-20	Y60									M05
N190												M30

8.5.4 *Fräsen einer Außenkontur*

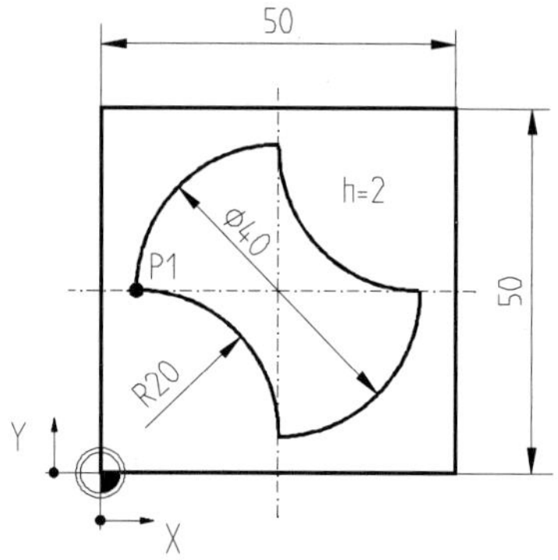

Entsprechend der Gesamt-Zeichnung des Würfels soll die Seitenansicht von rechts mit einer 2mm tiefen Außenkontur aus verschiedenen Kreisbögen versehen werden. Die Bearbeitung erfolgt mit einem HSS-Fräser mit d = 30mm und der Werkzeugbezeichnung T03.

Schnittdaten: v_f =120mm/min
n = 1000 min^{-1}

Der Werkstücknullpunkt ist unter G54 abgelegt. Der Werkzeugwechselpunkt ist bei X-20, Y60, Z50 festgelegt, wohin das Werkzeug nach der Bearbeitung fährt. Die Bearbeitung der Kontur soll am Punkt P1 beginnen und ist im Uhrzeigersinn vorzunehmen. Außerdem ist die Werkzeugradiuskorrektur anzuwenden.

a. Erstellen Sie für die Bearbeitung ein Programm. Die Programmierung der Kreisbögen ist mit den Hilfskoordinaten I und J vorzunehmen.
b. Erstellen Sie alternativ ein Programm, bei dem die Kreisbögen der Außenkontur mit einer Radiusangabe R zu programmieren sind.

a. Bestimmung der Koordinaten zur Konturprogrammierung

Bogen/Koordinate	Art	X_M	Y_M	I	J
P1-P2	konvex	25	25	+20	0
P2-P3	konkav	45	45	+20	0
P3-P4	konvex	25	25	-20	0
P4-P1	konkav	5	5	-20	0

Programm zum Fräsen der Kontur mit Hilfskoordinaten I und J

Satz-Nr.	Wegbedingung	Koordinaten X	Y	Z	R	Parameter I	J	K	Vorschub	Spindeldrehzahl	Werkzeug	Zusatzfunktion
N 10	G00 G53										T03	M06
N 20	G54			Z50								
N 30		X-17	Y10									
N 40				Z-2						S1000		M03
N 50	G01 G41	X5	Y25						F120			
N 60	G02	X25	Y45			I20	J0					
N 70	G03	X45	Y25			I20	J0					
N 80	G02	X25	Y-5			I-20	J0					
N 90	G03	X5	Y25			I-20	J0					
N100	G40											
N110	G00			Z50								M05
N120		X-20	Y60									
N130												M30

b. Programm zum Fräsen der Kontur mit Radiusangabe

Satz-Nr.	Wegbedingung	Koordinaten X	Y	Z	R	Parameter I	J	K	Vorschub	Spindeldrehzahl	Werkzeug	Zusatzfunktion
N 10	G00 G53										T03	M06
N 20	G54			Z50								
N 30		X-17	Y10									
N 40				Z-2						S1000		M03
N 50	G01 G41	X5	Y25						F120			
N 60	G02	X25	Y45		P20							
N 70	G03	X45	Y25		P20							
N 80	G02	X25	Y-5		P20							
N 90	G03	X5	Y25		P20							
N100	G40											
N110	G00			Z50								M05
N120		X-20	Y60									
N130												M30

8.5.4 *Fräsen der Tasche*

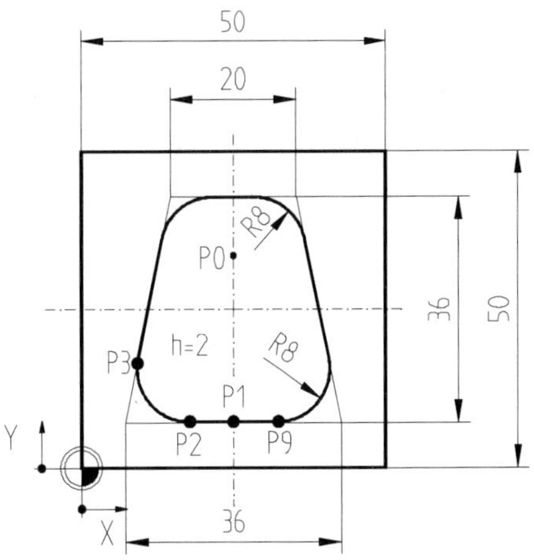

Bezogen auf die Gesamt-Zeichnung soll in den Würfel an der Seitenansicht von links eine Tasche eingefräst werden. Die Bearbeitung wird mit einem HSS-Schaftfräser d = 12mm vorgenommen, dessen Werkzeugbezeichnung T07 ist.

Schnittdaten: v_f = 100mm/min
n = 2000min^{-1}

Bei der Programmerstellung ist die Konturprogrammierung zugrunde zu legen. Das Werkzeug steht bei X-20, Y60 und Z60. Dort findet auch der Werkzeugwechsel statt. Nach Beendigung der Bearbeitung fährt das Werkzeug auf diesen Punkt zurück. Der Werkstücknullpunkt ist mit G54 im Programm zu berücksichtigen.

a. Berechnen Sie die Koordinatenpunkte P2 und P3.
b. Erstellen Sie ein Programm für das Fräsen der Tasche in einem Arbeitsschritt. Das Anfahren des Punktes P1 erfolgt direkt (hart). Berücksichtigen Sie, daß in der Mitte der Tasche etwas Material stehen bleibt. Aus diesem Grunde erfolgt das Eintauchen des Fräser an der Stelle P0, um anschließend den Punkt P1 der Innenkontur anzufahren. Für die Programmerstellung sollen die in Aufgabe a. berechneten Konturpunkte und die Tabelle zugrunde gelegt werden.

Punkt/Koordinate	X	Y
P0	25,0	34,0
P1	25,0	7,0
P2	?	7,0
P3	?	?
P4	13,608	36,736

Punkt/Koordinate	X	Y
P5	21,417	43,0
P6	28,583	43,0
P7	36,392	36,736
P8	40,837	16,734
P9	33,028	7,0

c. Für das Fräsen der Tasche soll ein Fräsprogramm mit Unterprogramm erstellt werden. Das Unterprogramm soll als Schleife mit 4maliger Wiederholung dargestellt werden, so daß die Tasche in 4 Schritten mit jeweiliges einer Zustellung von 0,5mm ausgefräst wird.

a.

$$\boxed{\tan\alpha = \frac{a}{b}}$$ **G5**

$$\tan\alpha = \frac{36mm}{8mm} = \mathbf{4{,}5}$$

$$\alpha = arc\ \tan 4{,}5 = \mathbf{77{,}47°}$$

$$\frac{\alpha}{2} = \mathbf{38{,}735°}$$

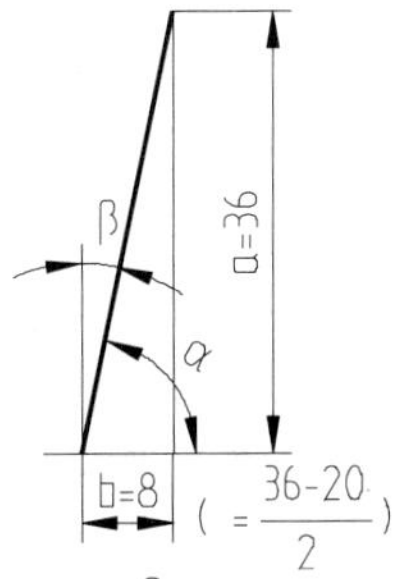

$$\boxed{\tan\frac{\alpha}{2} = \frac{a}{b}}$$ **G5**

$$b = \frac{a}{\tan\frac{\alpha}{2}}$$

$$b = \frac{8mm}{\tan 38{,}735°} = \mathbf{9{,}973mm}$$

$$b' = b = \mathbf{9{,}973mm}$$ wegen Symmetrie

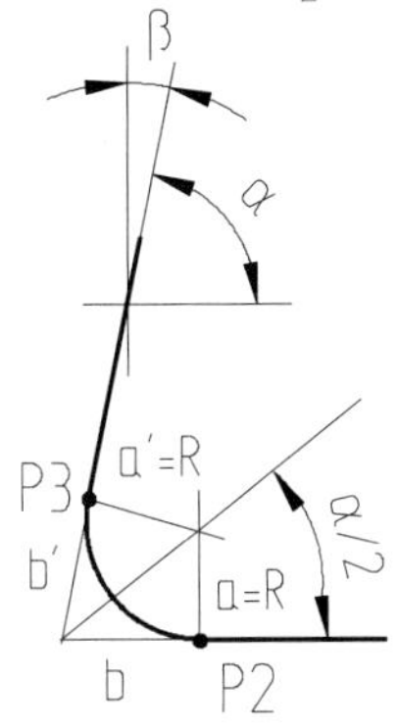

$$\boxed{\alpha + \beta + \gamma = 180°}$$ **G5**

$$\beta = 90° - \alpha$$

$$\beta = 90° - 77{,}47° = \mathbf{12{,}528°}$$

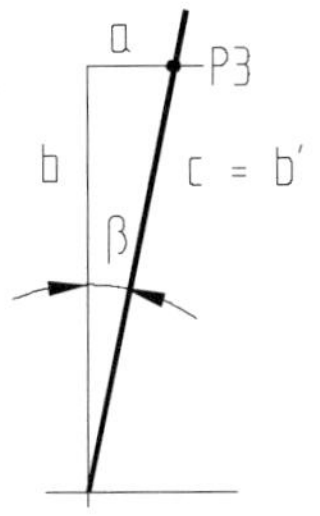

$$\boxed{\sin\beta = \frac{a}{c}}$$ **G5**

$$a = c * \sin\beta$$

$$a = 9{,}973mm * \sin 12{,}528° = \mathbf{2{,}163mm}$$

$$\boxed{\cos\beta = \frac{b}{c}}$$ **G5**

$$b = c * \cos\beta$$

$$b = 9{,}973mm * \cos 12{,}528° = \mathbf{9{,}735mm}$$

zu a.

$X_{P1} = 7mm + b$

$Y_{P1} = 7mm$

$X_{P2} = 7mm + a$

$Y_{P2} = 7mm + b$

Eckpunkt: $X = 7mm, Y = 7mm$

$X_{P1} = 7mm + 9{,}973mm = \mathbf{16{,}973mm}$

$X_{P2} = 7mm + 2{,}163mm = \mathbf{9{,}163mm}$

$Y_{P2} = 7mm + 9{,}735mm = \mathbf{16{,}735mm}$

b. Programm zum Fräsen der Tasche

Satz-Nr.	Wegbedingung	Koordinaten X	Y	Z	R	Parameter I	J	K	Vorschub	Spindeldrehzahl	Werkzeug	Zusatzfunktion
N 10	G00 G53										T07	M06
N 20	G54			Z50								
N 30		X25	Y34									
N 40				Z1						S2000		M03
N 50	G01			Z-2					F100			
N 60	G42		Y7									
N 70		X16.973										
N 80	G02	X9.163	Y16.735		P8							
N 90	G01	X13.608	Y36.736									
N100	G02	X21.417	Y43		P8							
N110	G01	X28.583										
N120	G02	X36.392	Y36.736		P8							
N130	G01	X40.837	Y16.735									
N140	G02	X33.028	Y7		P8							
N150	G01	X25										
N160	G40											
N170	G00			Z50								M05
N180		X-20	Y60									
N190												M30

c. Programm zum Fräsen der Tasche mit Schleifen-Unterprogramm

Teil 1: Hauptprogramm

Satz-Nr	Wegbedingung	Koordinaten X	Y	Z	R	Parameter I	J	K	Vorschub	Spindeldrehzahl	Werkzeug	Zusatzfunktion
N 10	G00 G53										T07	M06
N 20	G54			Z50								
N 30		X25	Y34									
N 40				Z1						S2000		M03
N 50				Z0					F100			
N 60	L5204											
N 70	G00			Z50								M05
N 80		X-20	Y60									
N 90												M30

Teil 2: Unterprogramm L52 mit Schleife

Satz-Nr	Wegbedingung	Koordinaten X	Y	Z	R	Parameter I	J	K	Vorschub	Spindeldrehzahl	Werkzeug	Zusatzfunktion
N 10	G01 G91			Z-0.5					F100			
N 20	G42											
N 30	G90	X25	Y7									
N 40		X16.973										
N 50	G02	X9.163	Y16.735		P8							
N 60	G01	X13.608	Y36.736									
N 70	G02	X21.417	Y43		P8							
N 80	G01	X28.583										
N 90	G02	X36.392	Y36.736		P8							
N100	G01	X40.837	Y16.735									
N110	G02	X33.028	Y7		P8							
N120	G01	X20										
N130	G40											
N140												M17

8.5.6 *Fräsen und Bohren*

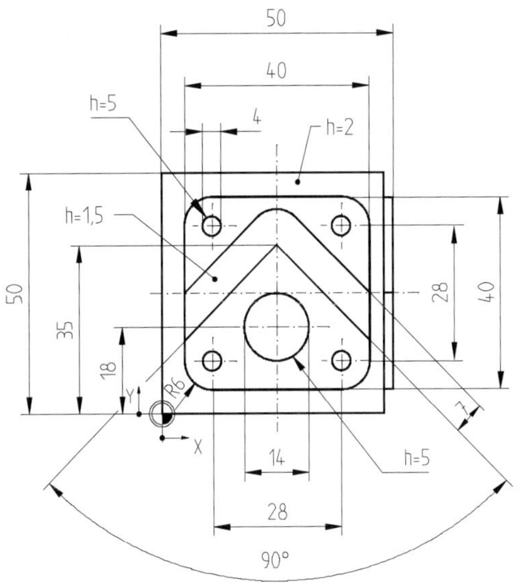

Die Vorderansicht des Würfels soll einen umlaufenden Absatz, eine V-Nut und mehrere Bohrungen erhalten. Folgende Programmdaten sind vorgegeben:

Werkzeug T08: HSS-Schaftfräser, d = 20mm.
Werkstücknullpunkt unter G54 gespeichert.
Die Werkzeugkorrekturen sind im Werkzeugspeicher bei den verschiedenen Werkzeug-Nr. abgelegt.
Werkzeugwechselpunkt: X-20 , Y60 , Z50.

a. Der umlaufende Absatz ist dem Werkzeug T08 zu fräsen.
Schnittdaten: v_f = 200mm/min
n = 2000min^{-1}
Für das Konturfräsprogramm ist eine Fräserradiuskorrektur anzuwenden. Als Fräsverfahren ist Gegenlauffräsen zu benutzen. Die Kontur ist tangential anzufahren und mit einem Kreisbogen, R = 10mm zu verlassen.

b. Die 4 Eckbohrungen sind mit einem Bohrzyklus G81 herzustellen, wobei die Verweilzeit auf dem Bohrgrund 1 Sekunde betragen soll. Verwenden Sie den Bohrer T09 mit den
Schnittdaten: v_f = 120mm/min
n = 2000min^{-1}.

c. Für das Fräsen der V-Nut soll eine Fräserradiuskorrektur angewendet werden. Im Gegenlauffräsen soll mit einem HSS-Schaftfräser d = 6mm, Werkzeugnummer T10, die Nut hergestellt werden.
Schnittdaten: v_f = 80mm/min
n = 2000min^{-1}.
Koordinaten der V-Nut:

Punkt/Koordinate	X	Y
P1	5,0	24,899
P2	25,0	44,899
P3	45,0	24,899

Punkt/Koordinate	X	Y
P4	45,0	15,0
P5	25,0	35,0
P6	5,0	15,0

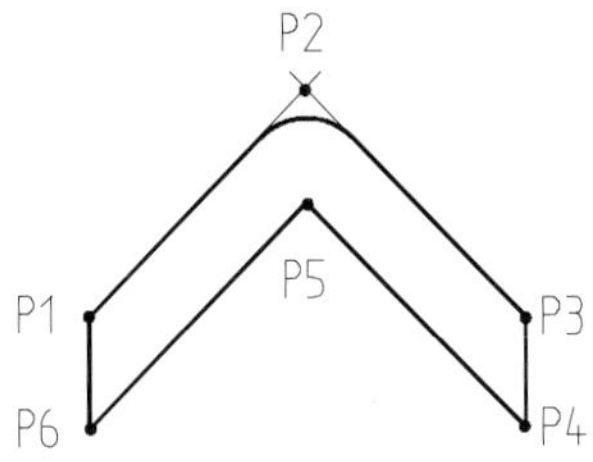

d. Die Bohrung mit dem Durchmesser 14mm wird mit einem Schaftfräser in Vollkreisprogrammierung hergestellt. Der Fräser T11 mit dem Durchmesser von 12mm taucht in der Mitte der Bohrung ein. Zum Eintauchen des Fräsers ist der Vorschub zu halbieren. Erstellen Sie ein Programm zum Herstellen der Bohrung.
Schnittdaten: v_f = 60mm/min
n = 2000min^{-1}

a. Konturprogramm für den umlaufenden Absatz mit Radiuskorrektur

Satz-Nr.	Wegbedingung	Koordinaten X	Y	Z	R	Parameter I	J	K	Vorschub	Spindeldrehzahl	Werkzeug	Zusatzfunktion
N 10	G00 G53										T08	M06
N 20	G54			Z50								
N 30		X-12	Y-5									
N 40				Z1						S2000		M03
N 50	G01			Z-2					F200			
N 60	G42	X5	Y5									
N 70		X39										
N 80	G03	X45	Y11		P6							
N 90	G01		Y39									
N100	G03	X39	Y45		P6							
N110	G01	X11										
N120	G03	X5	Y39		P6							
N130	G01		Y11									
N140	G03	X11	Y5		P6							
N150	G02	X11	Y-15		P10							
N160	G40											
N170	G00			Z50								M05
N180		X-20	Y60									
N190												M30

b. Bohrzyklus nach SL-Simulation Fräsen-Neutral, Version 8.35 (1994), siehe Seite 61

Bohrprogramm mit Zyklus und Verweilzeit

Satz-Nr.	Wegbedingung	Koordinaten X	Y	Z	R	Parameter I	J	K	Vorschub	Spindeldrehzahl	Werkzeug	Zusatzfunktion
N 10	G00 G53										T09	M06
N 20	G54			Z50						S2000		M03
N 30		X11	Y11	Z1								
N 40	G01								F120			
N 50	G81	R021 R03-5										
N 60	G04	X1 (X=1 Sekunden Verweilzeit)										
N 70			Y39									
N 80		X39										
N 90			Y11									
N100	G80			Z50								
N110	G00	X-20	Y60									M05
N120												M30

c. Konturprogramm für V-Nut mit Radiuskontur

Satz-Nr.	Wegbedingung	Koordinaten X	Y	Z	R	Parameter I	J	K	Vorschub	Spindeldrehzahl	Werkzeug	Zusatzfunktion
N 10	G00 G53										T10	M06
N 20	G54			Z50								
N 30		X-4	Y17									
N 40				Z1						S2000		M03
N 50	G01			Z-15					F80			
N 60	G42	X5	Y24.899									
N 70		X25	Y44.899									
N 80		X45	Y24.899									
N 90		X54										
N100	G40											
N110	G00		Y15									
N120	G42											
N130	G01	X45										
N140		X25	Y35									
N150		X5	Y15									
N160		X-4										
N170	G40											
N180	G00			Z50								
N190		X-20	Y60									M05
N200												M30

d. Programm für die Bohrung ∅ 14mm

Satz-Nr.	Wegbedingung	Koordinaten X	Y	Z	R	Parameter I	J	K	Vorschub	Spindeldrehzahl	Werkzeug	Zusatzfunktion
N 10	G00 G53										T11	M06
N 20	G54			Z50								
N 30		X25	Y18									
N 40				Z1						S2000		M03
N 50	G01			Z-5					F30			
N 60	G42											
N 70	G02	X25	Y25						F60			
N 80		X25	Y25			I0	J-7					
N 90	G40											
N100	G00			Z50								
N110		X-20	Y60									M05
N120												M30

Arbeitsplan

Verlag Handwerk+Technik Hamburg	Bearbeiter:	Datum:	Klasse:	Fach:	Blatt:

Nr.	Beschreibung	Maschine	Spannmittel	Schnittdaten	Werkzeug	Prüfmittel	Bemerkung

NC-Programmierblatt

Verlag Handwerk + Technik Hamburg		Bearbeiter:				Datum:			Klasse:	Fach:		Blatt:
Satz-Nr.	Wegbedingung	Koordinaten X	Y	Z	R	Parameter I	J	K	Vorschub	Spindeldrehzahl	Werkzeug	Zusatzfunktion

Werkzeugplan

Verlag Handwerk+Technik Hamburg	Bearbeiter:	Datum:	Klasse:	Fach:	Blatt:

Nr.	Beschreibung	Schneidstoff	Abmessung	Aufnahme	Vermessung	Bemerkung

Zustand-Schritt-Diagramm (Funktionsdiagramm)

Bauglieder Benennung	Nr.	Zust.	0 1 2 3 4 5 6 Schritte

Seitenhinweise beziehen sich auf die 6. Auflage des Tabellenbuches HT 3291

HT 3291 Tabellenbuch f. Metalltechnik		HT 32911 Aufgaben z. Metalltechnik

Seitenhinweise beziehen sich auf die 6. Auflage des Tabellenbuches HT 3291

Seitenhinweise beziehen sich auf die 6. Auflage des Tabellenbuches HT 3291